从地方分治到网络共治

我国流域水资源治理模式创新研究

Cong DiFang FenZhi Dao WangLuo GongZhi

周建鹏 著

中国书籍出版社
China Book Press

图书在版编目（CIP）数据

从地方分治到网络共治：我国流域水资源治理模式
创新研究 / 周建鹏著 . -- 北京：中国书籍出版社，
2019.4

ISBN 978 - 7 - 5068 - 7171 - 6

Ⅰ.①从… Ⅱ.①周… Ⅲ.①水环境—流域治理—研
究—中国 Ⅳ.① X143

中国版本图书馆 CIP 数据核字（2018）第 288865 号

从地方分治到网络共治：我国流域水资源治理模式创新研究

周建鹏　著

责任编辑	毕　磊
责任印制	孙马飞　马　芝
封面设计	中联华文
出版发行	中国书籍出版社
地　　址	北京市丰台区三路居路 97 号（邮编：100073）
电　　话	（010）52257143（总编室）　（010）52257140（发行部）
电子邮箱	eo@chinabp.com.cn
经　　销	全国新华书店
印　　刷	三河市华东印刷有限公司
开　　本	710 毫米 ×1000 毫米
字　　数	214 千字
印　　张	14
版　　次	2019 年 4 月第 1 版　2019 年 4 月第 1 次印刷
书　　号	ISBN 978 - 7 - 5068 - 7171 - 6
定　　价	85.00 元

前　言

随着我国市场化、城镇化和县域经济的快速发展，各地区诸多传统的内部公共问题和公共事务越来越"外部化""无界化"，各种跨越行政区划的区域性公共事务与公共问题大量出现。而在这其中，尤其以"上游污染，下游叫苦""我污染，你买单"等形式的流域水资源治理问题尤为突出。由于流域水污染治理作为一种典型的准公共物品，其治理成果具有消费的非竞争性，治理受益具有非排他性，由于历史形成的行政区经济体制，地方行政分割体制强化了地方利益，在行政区经济利益驱动下地方政府客观存在自利化倾向，传统的流域水污染属地化治理更多地考虑地方利益的得失，地方政府相关职能部门对水资源的分散化管理造成了部门职能的冲突，流域水资源管理权分散在不同的行政部门。流域管理机构则被限定在分散性的特定区域和特定标准之内承担流域水环境质量管理职能，难以通过宏观层面来调节各方力量应对流域水质的波动。由于地方行政分割体制的障碍，建立在各自利益基础上的行政区经济驱动及其地方行政分割体制，在面临水污染跨界流动时，导致流域水污染治理陷入了制度性障碍，进而使得流域水污染治理成效低下。流域内不同利益主体难以通过集体行动以实现共同利益，从而陷入集团行动的一维或者二维困境。

在建设美丽中国、树立"绿水青山就是金山银山"的背景下，本书围绕"一个有效率的流域水资源治理模式该如何构建？治理中的集体行动困境该如何突破"等核心问题，以湘黔渝"锰三角"界河——清水江——流域水资源污染治理作为研究案例，通过深入的实地调查研究，将清水江流域历时 12 年的水污染治理演进过程完整呈现出来，力图展现清水江水污染治理绩效由"久治不愈"到"成效显著"的实现进程，并对不同治理阶段中的"合作治理困境"的生成和突破背后深层次原因进行解释，继而综合应用治理理论、科层理论和协作性公共管理理论对清水江流域水污染治理案例背后的学理意蕴进行梳理和提炼，深入探析影响清水江流域水污染治理的关键因素以及治理困境背后深层次的原因，进而厘清治理中各个影响因素的运作方式和机制；最后，基于"锰三角"清水江流域水污染环境治理的经验和研究发现，本研究提出我国流域水污染环境模式由"地方分治"向"网络共治"方向转变，并构建了我国流域水污染环境网络化治理模式和流域环境网络治理的运行机制和保障机制，来提升环境网络治理的效率，促进流域水资源治理目标的实现。

目 录
CONTENTS

第一章　导论

一、研究背景与研究意义

（一）研究背景

1. 实践背景

自 20 纪 90 年代以来，随着我国市场化、城镇化、县域经济的快速发展，使得各地区诸多传统的内部公共问题和公共事务越来越"外部化""无界化"，诸如区域环境保护、突发危机事件的处理、地方基础设施建设等各种跨越行政区划的区域公共事务与区域公共问题大量出现，地方政府所面临的问题以及需要回应的公共需求，从过去面对诸如社区发展、社会服务、教育文化、公共安全等单一行政区域内的问题，演变成面对诸如流域治理、环境保护、交通运输等多面向的跨部门、跨区域公共事务，单一行政区划的地方政府对于提供区域性公共产品已经力不从心[①]。与此同时，面对频频发生的跨区域水污染事件，传统以行政区域为边界的"行政区行政"治理模式在区域环境治理问题上日趋"捉襟见肘"，陷入"治理失灵"的困境。因此，寻求地方政府之间、公众、市场等多元主体动态参与，用一种常态的区域环境治理方式以保证跨区域水污染得到及时有效的治理，成为有效治理流域水污染问题的迫

---

① 杨妍，孙涛：跨区域环境治理与地方政府合作机制研究［J］.中国行政管理，2009（1）：66—69.

切选择[①]。

环境治理是现代政府实施公共管理的基本职责之一，环境问题的公共性、广泛性和长远性，决定了环境治理必须是系统化、规范化的统一管理。经过30多年的努力，我国虽然初步形成了"国务院统一领导、环保部门统一监管、地方政府分级负责"的环境治理模式，但是在地方性的环境治理中，仍然是以地方政府为主导的环境治理模式，即"地方分治"模式。虽然这种环境治理模式在我国人口多、资源少、环保工作起步晚、经济发展速度快、管理手段弱、环境意识有待提高的转轨时期，比较经济和有效，但是随着新的环境、经济、社会及国际形势的发展，这种环境治理模式存在的"部门分散、地方分割"等诸多"碎片化"现象也逐一暴露出来[②]：环境治理过程中公共价值的缺失、环境管理制度发展缺乏激励，已成为当前区域环境治理过程中一个比较突出的问题，既难以与当前严峻的环境污染形势相适应，也难以适应"建设美丽中国""绿水青山就是金山银山"的发展理念。因此，针对当前政府环境治理中的公共价值和理念的碎片化、环境资源和权力分配结构的碎片化以及环境政策制定和执行过程的碎片化现状，如何采取有效措施提升流域水污染治理的绩效，显然是一个值得研究的问题。

2. 理论背景

从科学性角度构建一个有效率的流域水资源治理模式一直是学界关注的重要问题之一，特别是近年来随着多中心治理、整体性治理、网络治理等理论应用范围的拓展，上述治理理论已有大量的文献从流域水资源治理中地方政府间协作面临的困境、治理的方式、治理中的碎片化情形、合作的影响因素、合作的动机、合作治理机制等方面进了深入系统的研究，特别是以中山大学陈瑞莲教授为核心的研究团队率先对区域公共管理的一般概念、基本范畴、国内外研究现状、未来的主要研究领域等展开了具有开创性意义的探究[③]，一

---

① 陈瑞莲，杨爱平：从区域公共管理到区域治理研究：历史的转型［J］.南开学报（哲学社会科学版），2012（2）：48—57.

② 谭海波，蔡立辉：论"碎片化"政府管理模式及其改革路径——"整体型政府"的分析视角［J］.社会科学，2010（8）：12—19.

③ 陈瑞莲，孔凯：中国区域公共管理研究的发展与前瞻［J］.学术研究，2009（5）：45—49.

定程度上代表了国内区域公共管理研究的水平[①]。此外，一些学者也在借鉴政府绩效理论、组织行为理论，通过设置检测变量和指标体系，对区域环境问题的地方政府间网络化治理展开了系列研究，如姚引良从治理主体、关系质量、环境因素三个层面构建地方政府网络化治理的结构模型来探讨多元主体如何互动参与的问题[②]；张阳从区域环境治理绩效的"可持续"视角来探讨区域环境治理中的地方政府间协作的可持续问题[③]；包国宪从"公共性""联合生产""可持续"三个维度来探讨地方政府组织绩效中的公共价值实现问题[④]。

尽管围绕流域水资源治理这一主题，已有很多学者进行了探讨，但是由于当前流域水资源合作治理还处于探索阶段，效果参差不齐，存在诸多障碍因素[⑤]，并且，已有研究多将流域水资源治理的维度主要集中宏观层面的分析，这对于全面理解流域水资源治理绩效及其影响因素显然是不全面的，并且现有的研究成果在类型上也多以理论研究为主，鉴于当前流域水资源污染治理问题越来越受到重视，有针对性地围绕流域水资源污染治理的因素进行深入研究，显然是有必要并且有意义的。

（二）研究问题

本研究的核心问题是：在流域水污染治理中，一个有效率的治理模式该如何构建？结合研究案例，并将研究问题进行如下细分（如图1—1所示）。

（1）在流域水污染治理中，地方政府间合作可能遭遇哪些合作困境？

（2）造成地方政府之间合作"集体行动困境"的原因是什么？这些困境是如何生成的？怎样才能逐渐突破？

---

① 陈瑞莲，杨爱平：从区域公共管理到区域治理研究：历史的转型［J］.南开学报（哲学社会科学版），2012（2）：48—57.

② 姚引良，刘波，王少军，祖晓飞，汪应洛：地方政府网络治理多主体合作效果影响因素研究［J］.中国软科学，2010（1）：138—149.

③ 张阳，范从林，周海炜：流域水资源网络的运行机理研究［J］.科技管理研究，2011（19）：197—202.

④ 包国宪，王学军：以公共价值为基础的政府绩效治理——源起、架构与研究问题［J］.公共管理学报（哈尔滨），2012，9（2）：89—97.

⑤ 胡熠：我国流域治理机制创新的目标模式与政策意义——以闽江流域为例［J］.学术研究，2012（1）：49—54.

（3）在流域水污染治理中，影响地方政府间合作的因素有哪些？它们是如何发挥作用的？

（4）上级政府、公众、媒体、NGO等组织是怎么影响流域水污染环境治理绩效的？影响因素该怎么去测度？贡献有多大？

针对以上问题，本研究以湘黔渝"锰三角"界河——清水江——水污染环境治理作为研究案例，在深入的实地调查研究基础上，通过对湘黔渝"锰三角"清水江水环境治理（2000—2012年期间）一系列特定事件的"扫描"，力图展现一个有效率的流域水污染环境治理模式的建立和发展的历程，以及各个核心行动主体在该历时性"场域"中演绎的真实故事；继而遵循发现—反思—总结的认知程序，对案例背后的学理意蕴进行梳理和提炼，深入探析影响流域水污染治理绩效的关键因素以及运作困境背后深层次的原因，从而厘清流域水污染环境治理绩效及其影响因素的运作逻辑、方式和机制，为其他地区流域水污染环境问题的有效治理提供经验借鉴。

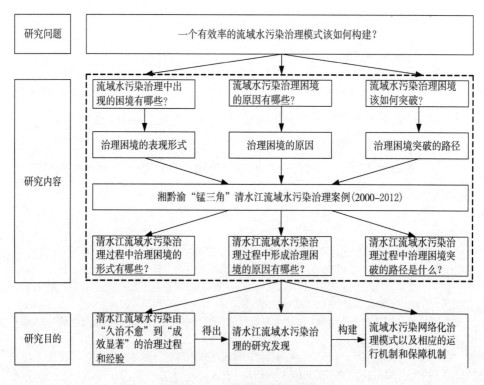

图1—1　研究问题生成树

（三）研究意义

1. 理论意义

（1）流域水污染治理是应对环境可持续发展的客观诉求，也是体现政府合法性，彰显政府环境政策中倡导公共价值的客观诉求。当前流域水污染环境问题层出不穷，水危机、大气污染、重金属污染等问题持续爆发而得不到有效解决，已经引起人们的普遍关注，如何走出流域水污染环境治理上的各种"碎片化"情形，积极探索流域水污染环境问题治理的新途径、新模式，已成为实现环境治理中公共价值的客观诉求。

（2）流域水污染环境治理及其绩效测度方面的研究当前还比较薄弱，本研究紧紧围绕流域水污染治理的三个基本问题——"公共性""合作生产""可持续"，通过实地调研、问卷调查和访谈来剖析影响清水江流域环境治理的特征，以及清水江水污染环境治理绩效由"久治不愈"到"成效显著"的实现路径，以便确定流域水污染治理问题研究的重点和难点，为流域水污染环境问题的有效治理提供政策建议。

2. 实际意义

（1）提高流域水污染环境治理能力是践行习近平新时代中国特色社会主义思想、实现"美丽中国"和"绿水青山就是金山银山"愿景的有效路径。在实践上，随着十八大提出的"美丽中国"和习近平生态文明思想、走绿色发展之路等环保理念的提出，环境保护在国民经济发展中地位被提到相当的高度。因此，本研究以网络治理为研究视角，将流域水污染治理作为切入点，系统研究清水江流域水污染环境治理中"合作困境"的生成以及如何推动区域环境治理绩效的实现，具有较好的公共政策研究价值与现实意义。

（2）流域水污染的有效治理不仅需要先进的控污技术和治污技术，也极为需要合理有效的环境治理模式和治理机制。

在现阶段，流域水污染问题层出不穷，却得不到有效的治理，地方政府、中央政府、社会力量如何进行合作才能产生有益于流域水污染治理的实际行为（或者有绩效的行为）？如何缓解流域水污染治理过程的种种合作困境？哪些因素会阻滞或推动地方政府间合作？这是地方政府决策者们面临的现实难题。而本研究以湘黔渝"锰三角"界河——清水江——流域水污染治理作为研究案例，从该区域环境治理中"合作困境"的"生成"到"缓解"再到"突破"的制度变迁过程中，寻找影响流域水污染治理困境的主要因素，对我国其他区域流域水污染的有效治理提供有益的启示和借鉴。

二、核心概念

（一）流域水污染治理

1.流域水污染治理的内涵

流域水污染治理是指在某个特定的互不统辖的区域间，为了满足特定区域社会全体或者大多数成员的需要，具有行政管辖权的相关政府机构、部门通过相互协商、合作、沟通，或者以伙伴关系的方式，对跨越两个以上行政区域的区域环境问题进行污染整治、综合保护等区域公共事务的管理，从而使得区域内各个利益主体相互受益[①]。区域环境治理的对象包括水污染治理、大气污染和固体废弃物污染治理等。区域环境中的治理强调治理结构和治理过程的设计和实施，以及调整的统治方式的再设计与实施，并从动态性、多样性的角度，使其所建立的框架可以从权力、集体偏好充实和发展公共选择的理论内核[②]。从宏观层面讲，区域环境治理构建的是政府、市场、社会相互联系、相互影响的横向框架，构建以此横向连接为条件的公共选择机制[③]；从微观层面讲，治理搭建的是政府内部政治—行政行为的桥梁，是政府行政权力及行为如何运行、如何分配、如何组织的政治—行政过程。因此，本研究强调的区域环境"治理"概念有异于生态学意义上的"治理"概念，二者是有区别的：

---

① 张成福，李昊城，边晓慧：跨域治理：模式机制与困境［J］．中国行政管理，2012（3）：102-109.

② 包国宪，郎玫：治理、政府治理概念的演变与发展［J］．兰州大学学报（社会科学版），2009，37（2）：1—7.

③ 包国宪，霍春龙：中国政府治理研究的回顾与展望［J］．南京社会科学，2011（9）：62—68.

一是从治理主体来看，生态学意义上的环境治理关注市场或（和）政府在环境治理中的作用，形成的是一元或二元的治理结构，对环境治理中的学者、公众参与关注相对不足，而区域环境中的治理则是来自政治学和公共管理学的发现，其主体是由政府、市场（经营者）和公民社会构成的环境利益群体集合，即多元环境治理结构①，进一步的逻辑发展即是形成"生态善治"②。

二是从治理的过程来看，生态学意义上的治理偏重于资源使用的负外部性问题得以解决的过程，而且更多涉及技术层面，比如通过建设"三废"（废水、废气、废液）工程设施来实现环境带来的负外部性效应的解决，而公共管理或者公共治理理论则认为，"区域环境治理关键不仅仅在于工程技术环节，而在于地方政府间的协调与合作"，所以不能简单地以为技术层面的"治理"即可以解决跨区域环境污染带来的负外部性效应和保护区域生态环境，更为重要的乃是建构地方政府间的合作机制、补偿机制，以便在解决区域环境问题的同时，推动区域经济的可持续发展，重塑地方政府—中央政府—公众等各类环境治理主体间的关系，实现政府环境规制政策中倡导的公共价值③。

2. 流域水污染治理的特征

流域水污染治理属于典型的准公共产品，其消费的外部性一般会溢出一定地域界限的公共物品④，具有和公共池塘资源相似的非排他性和竞争性的组合特征。

（1）高度渗透性和不可分割性

区域环境本身是一个整体概念，环境介质间相互影响、相互转换，这种影响会通过河流、经济贸易、信息系统和人员往来等途径扩散到下游的其他地区。与一般的传统公共事务治理相比，区域环境治理具有高度渗透性和不可分割性的特点。所谓"高度渗透性"就是指环境问题已经超过了传统行政

---

① 朱留财：从西方环境治理范式透视科学发展观［J］.中国地质大学学报（社会科学版），2006（5）：51—54.

② 黄爱宝：生态善治目标下的生态型政府构建［J］.理论探讨，2006（4）：10—13.

③ 张紧跟，唐玉亮：流域环境治理中的政府间环境协作机制研究——以小东江治理为例［J］.公共管理学报，2007（3）：52—57.

④ 张紧跟：当代中国地方政府间横向关系协调研究［M］.北京：中国社会科学出版社，2006年版，第25页.

区划，变成"你中有我，我中有你"的情形，一个地方政府对区域环境的治理行为也会影响其他地区的环境治理状况。"不可分割性"则是从区域环境的系统性和整体性来说，跨行政区环境治理与周围的环境相互影响，各个利益相关方"一损俱损，一荣共荣"①。即便是单个行政区域的资源利用和污染排放达到各自规定的要求和标准，但在整个区域来说，这些累积作用可能会出现"整体效应"，即也可能引起整个区域环境污染总量超标。

（2）外部性

外部性经济效果是一个经济主体的行为对另一个经济主体的福利所产生效果，而这种效果并没有从货币或市场交易中反映出来②。外部性是指，某一产品的生产和消费使该产品的生产者和消费者之外的第三者意外受损或得益。区域环境治理的外部性，即某一部门或地方政府采取行动，投入资源解决公共问题或提供公共产品，不仅直接对本地产生影响，而且产生的后果由其他地方政府或民众共同分享或承担。

流域水污染治理作为一种跨地区的公共产品，各行政区域环境资源污染的外部性导致难以对污染进行有效界定和核算，环境治理设施的供给与维护往往无法回避"搭便车"产生的问题。例如，在经济利益驱动下，流域上游引进水污染项目，发展了自身经济，却污染了下游环境。如果上游地方政府发布禁令，不允许当地生产者将未经处理的废水直接向河内排放，并投资建立污水处理厂、购买污水净化设备，虽然能够保护自身辖区内河流不受污染，但却无法阻止下游地方成为该项行动的受益者。因而下游地方可以在上游地方投入高成本维持河流无污染的情况下，无偿享受清洁水源带来的收益。

（3）相互依赖的竞争性

相互依赖的竞争性是指，行为体在行动和利益上一种相互依赖又相互竞争的制约关系。这是因为，区域环境治理的议题范围超出了任何单一部门、组织或政府层级的管辖权，区域环境治理的实现无法单凭某一个政府部门或

① 陈瑞莲：区域公共管理理论与实践研究［M］.北京：中国社会科学出版社，2008年版，第10页.

② ［美］保罗.A.萨缪尔森，威廉·D·诺德豪斯：经济学（第14版）［M］.北京：北京经济学院出版社，1996年版，第569页.

地方完成；与此同时，区域环境系统中任何单位行为的变化，不管是主动还是被动，都会对其他行为主体产生影响。

毛寿龙《公共事务的制度基础》提到如奥斯特罗姆认为："公共池塘资源是一种人们共同使用整个资源系统，但分别享用资源单位的公共资源。在这种资源环境中，理性的个人可能导致资源使用拥挤或者资源退化的问题"。[①]虽然各级地方政府应当承担治理辖区内公共事务的责任，但在区域性公共事务中，地方政府往往是地方自身利益的代表，首先追求的是本地区利益最大化，而不是区域公共利益的最大化，从而造成区域环境资源在消费上的"拥挤效应"和"过度使用"问题，甚至有可能出现"大家共同使用却无人付费的情形"。

3.区域环境治理绩效

环境保护旨在发展经济的同时，减少污染物的排放，以保持良好的社会和自然环境，实现经济社会的可持续发展。环保问题主要涉及环境问题的评估、清洁生产、污物的处理以及相应的监督和管理等工作；其中，环境问题的评估分析是一个非常关键的问题，有效的评估能够发现环境保护与经济发展中存在的问题，有助于为环境管理政策和清洁生产方案的制定提供详细而可靠的参考信息。环境治理绩效正是一种考虑环境问题的生产效率的评价指标，用于分析经济发展与环境协调中存在的问题，其含义主要是满足人类需求的产品和服务的经济价值除以环境负荷，即单位环境负荷的经济价值，也就是说要提高环境治理绩效，必须在发展经济的同时保护环境。可见，在区域环境治理过程中，通过评价政府环境治理绩效，可发现其经济增长和环境保护之间存在的潜在问题，为区域环境治理和决策提供重要的参考依据[②]。

4.流域水污染治理中的"地方分治"与"网络共治"

流域水污染治理中的"地方分治"是指我国当前在流域水污染治理仍然是一种"国务院统一领导、环保部门统一监管、各个地方政府分级负责"的

---

① ［美］埃莉诺·奥斯特罗姆：公共事物的治理之道［M］.余逊达，陈旭东译.上海：上海三联书店，2000年版，第5页.

② 陈天祥：政府绩效评估的经济、政治和组织功能［J］.中山大学学报（社会科学版），2005，45（6）：86—90.

一种"行政区分割"治理模式，即"地方分治"的环境治理模式。虽然这种环境治理模式在我国环保工作起步晚、经济发展速度快、管理手段弱、环境意识有待提高的转轨时期，该环境治理模式是比较经济有效的。但是也必须看到，随着区域公共事务越来越外部化，这种环境治理模式中"地方分割、条块分离"等诸多"碎片化"现象逐一暴露出来（例如中央政府和地方政府在"价值整合方面的碎片化"、政府之间在"资源和权力分配结构方面的碎片化"和环境政策在"制定和执行的碎片化"等情形）①，使得区域内的地方政府之间、地方政府与中央政府之间、地方政府与辖区内的企业之间、地方政府与公众之间在区域环境治理问题上面临着形式多样的合作治理困境。因此，这种"地方分治"的环境治理模式引发的环境治理困境已成为当前环境治理过程中一个比较突出的问题，显然已经不能适应区域环境综合整治的新要求，有必要对其进行变革。

流域水污染治理中的"网络共治"是指由于流域水污染问题的公共性、外部性特征决定了环境治理必须是系统化的治理，这就需要将流域内的相关治理主体全部纳入环境治理进程中，即中央政府、地方政府、公众和及区域内的排污企业等主体都参与到流域环境治理中，并在治理过程中形成中央政府——地方政府、地方政府之间、地方政府——公众、地方政府——企业等多元主体参与的网络化治理模式，即"网络共治"模式，来促使流域内各个治理主体能够在环境治理的互动过程中形成有效的动力机制、联动机制、激励机制、制衡机制和保障机制，来保证流域水污染治理的效果具有稳定性和可持续性。

（二）流域水污染治理中的公共价值

1.公共价值的内涵

公共价值是同个体或私域价值相对应的范畴，是指同一客体或同类客体同时能满足不同主体甚至是公众需要所产生的效用和意义②。它主要由政府在

---

① 谭海波，蔡立辉：论"碎片化"政府管理模式及其改革路径——"整体性政府"的分析视角［J］.社会科学，2010（8）：12—19.

② 胡敏中：论公共价值［J］.北京师范大学学报（社会科学版），2008（1）：99—104.

政府公共管理过程中，通过制造、组织、治理，提供、分配给公众进行消费和享受的公共产品和公共服务，以满足公众的共同或相同需要。公共产品和公共服务即公共客体，是公共价值存在的客观基础，主体的共同或相同需要是公共价值存在的主观依据，公共客体和主体相同需要构成了公共价值的两大基本要素。政府公共管理中公共价值内涵在于其管理的公共性、服务性和公民社会的合作共治性，向公众提供优质的公共产品及服务，以此满足不同社会群体需求，最终实现社会不同群体满意的目标。

2. 流域水污染治理中的公共价值

区域环境质量是一个公共产品，具有使用的非竞争性和非排他性，基于环境保护行为的正外部性和环境污染的负外部性相结合的区域环境治理固有特性，行政区行政模式切割了地方政府之间的共同利益结构，呈现出独立的地方利益状况，影响地方政府对跨行政区环境治理目标的认知，出现地方政府对区域环境治理目标认知差异、地方政府对协作治理的认知差异、地方政府间的环境治理信息不对称、信任不充分等"碎片化"的价值理念[①]，不同的部门开始形成各自的部门价值和文化，直接影响了参与者的行为选择，使得流域水污染治理过程中不断出现形式多样的合作治理困境，致使区域环境问题频频发生而得不到有效治理。

关于流域水污染环境治理中的公共价值，本研究主要采用包国宪教授的观点，他从"公共性""联合生产""可持续"三个维度详细分析了政府绩效评价中的公共价值实现问题[②]，以上三个维度与区域环境的"外部性""公共产品""可持续性"是高度契合和相关的。加之，环境治理效果的评价本身也属于地方政府绩效评价的有机组成部分，在环境治理过程中，环境治理绩效的实现是政府倡导的环境政策公共价值的体现和重要载体。因此，本研究认为流域水污染治理中的公共价值也应该包括"公共性""联合生产""可持续"三个基本属性，它们也是流域水污染治理效果重要的衡量指标。

---

① 谭海波，蔡立辉：论"碎片化"政府管理模式及其改革路径——"整体性政府"的分析视角［J］. 社会科学，2010（8）：12—19.

② 包国宪，王学军：以公共价值为基础的政府绩效治理——源起、架构与研究问题［J］. 公共管理学报（哈尔滨），2012，9（2）：89—97.

（三）关系质量

关系质量是关系营销学中的一个重要概念，是萌芽于关系营销理论的一种新理论，它以人际关系研究范式为主，整合了交易成本、关系接触与新古典经济学等多方面的研究方法，运用经济学、社会学和心理学等多学科知识，研究顾客与企业之间的关系满足双方需求的程度，并对关系效果进行认知评价（Henning 和 Klee, 1997）[①]。在关系营销领域中，关系质量的领域涉及过程与结果，都包含在关系的价值创造活动中，通常认为合作方之间的忠诚度主要依赖长期发展起来的合作方与客户间的关系质量[②]。从现有研究看，有关关系质量的研究呈现多维度的取向，多数研究围绕着双方的关系本质、关系的管理来构建各自的维度模型。其中，信任、沟通与协调（或承诺）是所有关系质量维度结构中的核心维度[③]。

在流域水污染治理过程中，由于信息的不对称性、地理区位、经济发展阶段、补偿机制等方面的差异，地方政府间在合作治理过程中往往面临着信任程度低、沟通频率低、合作治理机制不健全等形式的合作治理困境，从而对流域水污染治理绩效产生消极影响。因此，地方政府间的合作能否建立在一定的信任、沟通和承诺水平上，将是地方政府间的合作治理困境能否得以突破、流域水污染治理绩效能否实现的重要指标。

结合研究内容，本研究认为地方政府间的关系质量是指在流域水污染治理中的地方政府间信任、沟通和协同（或承诺）水平的真实反映，是流域水污染治理绩效得以实现的重要影响因素，其中，信任、沟通和协同（或承诺）是地方政府关系质量的三个重要维度。

（四）集体行动困境

集体行动困境是由奥尔森（Olson）在《集体行动的逻辑》提出的，集体

---

① 刘人怀，姚作为：关系质量研究述评 [J]. 外国经济与管理，2005（1）：27—33.

② 张广玲，吴文娟：关系质量评估的研究范畴、方法与展望 [J]. 武汉大学学报（哲学社会科学版），2005，58（6）：795—800.

③ 姚作为：关系质量的关键维度——研究述评与模型整合 [J]. 科技管理研究，2005（8）：132—137.

行动的"逻辑"是在说明"集体行动的困境"①。在奥尔森看来,共同利益实际上可以等同或类似一种公共物品,具有都具有供应的相联性(Joint ness of Supply)与排他的不可能性(impossibility of exclusion)两个特性。但是由于个体理性的存在,这两个特性就决定集团成员在公共物品的消费和供给上存在搭便车的动机,集体行动未必能导致集体利益或公共利益。

新制度主义政治学家埃莉诺·奥斯特罗姆(Elinor Ostrom)认为,在对集体行动困境的分析以及集体行动困境所给出的治理菜单并不是直线式的,实际上这一行动困境在实践过程中是分层次的,集体行动困境可分为"一维困境"和"二维困境"②。

"一维困境"是指由于产权归属的不确定性、合作过程中的机会主义行为等行为产生的合作治理困境,如"公用地悲剧""囚徒困境"以及自组织理论所描述的"抽水竞赛"等这一类的合作治理困境,它涉及的是在资源使用过程中或者其他相互依赖的环境下难以克服的个体理性和集体理性相背离的一种现象。然而,这样一种合作治理困境也普遍存在于区域公共问题、区域环境治理、区域地方政府间合作过程中,当出现这种情形的合作困境时,如果没有外部力量介入或者新的制度供给,这种合作困境就不会容易被打破,而陷入合作治理无效的情形。因此,"一维困境"是当前流域水污染治理过程中的一种主要表现形式,也是造成当前流域水污染问题频频发生而治理无绩效的根本原因。

"二维困境"是指当外部力量介入到公共事务的合作治理过程中,但是由于新制度在供给过程中的不完备性、合作双方在新制度供给过程中存在的搭便车现象、利益分割冲突等问题,致使合作双方重新陷入一种新的治理困境。虽然要实现资源的可持续利用需要制定和实施新的使用制度和利用规则,而实际上在酝酿、论证、组织和实施新的制度过程中,需要消耗大量的资源,也就是说新的制度供给是存在成本的,这些成本又不可能以收费的形式进行

---

① [美]曼瑟尔·奥尔森.集体行动的逻辑[M].陈郁等译,上海:上海三联书店,1995年版,第20页.

② [美]埃莉诺·奥斯特罗姆:公共事物的治理之道[M].余达逊,陈旭东译.上海:上海三联书店,2000版,第18页.

分摊，从而造成新制度的供给意愿很低，在很多时候，由于治理成本是如此之高，以至于出现"即便老的制度已经千疮百孔，只要它还可以勉强运转，合作方就不愿意去改变它"这类情形①，致使合作行为陷入新的治理困境。

在本研究的分析过程，也重点应用了"一维困境"和"二维困境"这两个概念，尤其是在分析清水江流域水污染历时 12 年的曲折治理过程中，我们都可以看到这两种治理困境交替出现，致使清水江流域水污染治理过程呈现出污染的反复性。

三、文献综述

围绕着流域和区域环境治理这一主题，许多学者和研究机构从不同视角、不同层面进行很多探索和研究，这些已有的研究成果为本研究写作提供了扎实的理论基础和文献支撑。根据研究内容，本部分主要从国外和国内两个方面对现有研究成果进行梳理。

（一）国外相关研究

自伍德罗·威尔逊以来，公共管理学作为一门社会科学，在其一百多年的演进历程中，始终不乏各种学术论争，甚至出现了"理论丛林"的局面②。而公共管理实践作为一种"国家的艺术"，也在不同时期呈现出结构转型和和制度创新。20 世纪 80 年代以后，伴随着公共管理面对的政治环境和生态环境发生的巨大变化，诱发了大量的"区域性"公共问题，从而引起了学界的密切关注并对其进行研究。从整体来看，国外关于区域环境治理方面的研究主要体现在以下方面。

1. 流域水污染治理模式变革的研究

由于流域水污染问题的外部性、公共产品、区域性等属性，国外一些学

---

① Coase R H. The Firm, the Market, and the Law [M]. Chicago: University of Chicago Press, 1998. 转引自柴浩放. 草场资源治理中的集体行动研究——来自宁夏盐池数个村庄的观察 [M]. 中国农业出版社，2011 年版，第 168—169 页.

② 施从美，沈承诚：区域生态治理中的府际关系研究 [M]. 广东人民出版社，2011 年版，第 7 页.

者认为仅依靠单个政府进行环境治理时容易产生各种合作治理困境，那种"靠命令与控制程序、刻板的工作限制以及内向的组织文化和经营模式维系起来的严格的官僚制度，尤其不适应处理那些常常要超越组织界限的复杂问题"，必须对流域或者区域水污染区域环境治理的困境进行重新解读，对环境的治理结构进行变革[①]，强调多元化治理的参与才是区域环境治理走出"囚徒困境"，实现可持续发展的基本路径，"一方治百病的治理模式就必须让位给那些个性化的特制模式。"[②]

（1）区域环境治理中地方政府间合作治理的研究

20 世纪 70 年代以后，针对地方政府之间为了吸引企业和资源的流入而陷入互相竞争的"污染避难所"（Pollution Heaven Hypothesis，PHH）情形和可能出现的"竞争到底"（race to the bottom，George Break，1967）的局面[③]，许多学者呼吁地方政府之间根据比较优势的原则建立横向合作关系，Oates & Schwab（1988）更是设计了一个模型来模拟地方行政辖区为了吸引资本而采用税收和环境政策工具进行竞争的情景，以此来强调地方政府间合作的必要性[④]。

之后，一些学者开始探讨政府间可能的合作方式。例如，K.S. Christensen 认为政府间合作的方式主要有下列 8 种：信息交换（information exchange）、共同学习（joint learning）、相互审查与评论（mutual review and comment）、联合规划（joint planning）、共同筹措财源（joint funding）、联合行动（joint action）、联合开发（joint venture）、合并经营（merger）[⑤]；Walker 等人则列举出 25 种地

① Miranda Schreur.Perspectives on Environmental Governance ［C］. CCICED Report, 2005.

② ［美］斯蒂芬·戈德史密斯，威廉·D. 埃格斯：网络化治理：公共部门的新形态［M］. 孙迎春译. 北京：北京大学出版社，2008 年版，第 6 页.

③ 这种观点被拓展到环境规制的领域，即是指：如果地方政府是类似尼斯坎南式（Niskanen）的官僚机构，即倾向于追求自身利益最大化，那么，在与其他地方政府竞争资本与要素的过程中，将会倾向于选择较为松懈的环境政策，以牺牲环境质量为代价，吸引企业投资，扩大本地税基和财政收入，其结果将是环境的次优规制甚至是零规制，尤其体现在环境标准和税收上，最终将会导致所有区域环境状况的恶化。

④ Wallace E. Oates and Robert M. Schwab.Economic Competition among Jurisdictions：Efficiency Enhancing or Distortion inducing?［J］.Journal of Public Economics，1988，35（3）：333—354.

⑤ Christensen. Cities and Complexity：Making Intergovernmental Decisions［M］.London：Stage，1999，32—39.

方政府间的合作方式，包括推动志愿主义（Volunteerism）、非正式协议、正式的地方政府间协议、签订地方政府间服务合同、外包、多数社区伙伴关系、跨部门合作、成立区域政府、边界外管辖权、由联邦政府诱导成立跨区域性团体、成立地区性服务特区、地方政府间的功能转移、邻区兼并（Annexation）、法人化（incorporation）、单一财产税基分享制（unified property tax base sharing）、设立政府平衡基金（government equity fund）、服务整合（service consolibidation）、推动区域改革、成立跨区域单一目的的特区政府（regional special Purpose district）、成立地区性特殊管理局、成立区域管理局、合并地方政府（consolidated government）、成立联盟型都会政府（federated metropolitan government）、共同成立都会政府（metropolitan government）等，他认为地方政府间通过以上合作方式有助于减少"搭便车"效应的产生，使得政府间在处理公共事物时变得有效率[①]。

（2）区域环境治理中多元化治理主体参与的研究

在流域水污染治理主体多元化方面，一些学者指出仅依靠单个政府进行环境治理时容易产生各种弊端，提出企业、公众以及环境NGOs都是可能成为环境治理的主体。例如，Spence认为企业在环境治理中应该发挥关键作用，他提出："那些认为企业就是理性环境污染者的传统观念需要改变，应该重新思考传统的环境治理模式所认为的理性污染者（企业）所扮演的角色，其实，企业是倾向于守法的，很多违法行为的出现并非是故意的。"[②]；而Ekaterina则认为：政府、私营部门以及社会的合作是将环境治理责任也向这些部门转移，多元合作有利于多种主体共同承担环境治理责任，也有助于环境治理目标的实现[③]。

（3）区域环境的自主治理方面的研究

在区域环境治理的政府合作和建立治理机制之外，埃莉诺·奥斯特罗姆

---

① David B.Waer: The Rebirth of Federalism［M］. New York: Chathem Home publishes, 2000: 27—29.

② David B.Spence: The Shadow of the Rational Polluter: Rethinking the Role of Rational Actor Models in Environmental Law. California Law Review［J］. 2001, 89（4）: 917—918.

③ Eckerberg Katarina, Joas Marko. Multi-level environmental governance: a concept under stress?［J］. Local Environment, 2004, 19（5）: 405—412.

则是着眼于小规模的公共资源问题[①]，运用博弈论等理论对自治制度进行了分析，在大量的实证研究案例上，形成了自主组织和自主治理公共事务的集体行动制度理论。该理论为面临"公共池塘资源使用悲剧"的人们开辟了新的路径，为避免陷入"公地悲剧"、保护区域性公共事务、公共资源的可持续利用提供了自主治理的制度基础。

2. 流域水污染合作治理的实证研究

20世纪80年代以来，国外不少跨国或跨行政区划的河流诸如田纳西河、密西西比河、科罗拉多河、泰晤士河、亚马逊河、多瑙河、莱茵河、尼罗河、洛杉矶河等均进行了综合整治与开发，并且成就斐然[②]。这些流域水环境治理的最初动因并不一致，或为了水资源的分配，或为了水污染的治理，或为了防洪，但成功的流域水环境治理经验均提供了一致的启示。

（1）成立统一的管理机构，并通过相关立法确保其权威性。

（2）因地制宜，采取不同的开发理论和开发模式。

（3）整体利益与局部利益得以协调，水污染的负外部性得到内部化。

（二）国内相关研究

随着改革开放以后我国经济和社会事业的快速发展，流域水污染或者区域环境污染问题日益凸显，不仅影响到区域社会的可持续发展，而且构成了国家和地区的环境安全问题。如何有效解决流域环境污染问题、改善治理绩效，我国学术界也开始从不同的学科视角展开了对区域和流域环境治理的研究，涌现出大量的研究成果。

1. 区域环境治理的不同研究视角

（1）经济学研究视角

在经济学视角上，学者主要从区际生态补偿和区域环境规制两方面进行研究。在20世纪60年代以前，主流经济学关于外部性的解决办法有两类：一

---

① ［美］埃莉诺·奥斯特罗姆著：公共事物的治理之道［M］. 余达逊，陈旭东译. 上海三联书店，2000年版.

② 陈秋政：社会中心途径之跨部门治理研究：以洛杉矶河整治计划为例［D］. 中国台北："国立"政治大学，2007.

是征收庇古税，二是强调通过自愿交易解决两个当事人之间的外在性（科斯定理），即通过有效干预实现环境问题的外部性内在化[1]。

在区际生态补偿方面，例如，吴晓青等认为区际生态补偿是区域间协调发展的关键，区际生态补偿体系应由政策法律制订机构、补偿计算机构、补偿征收管理机构等组成，但是在区际生态补偿计算涉及计算策略思路、计算方法、计算过程、计算结果表达等有关问题，在现行的体制下会受到绿色国民经济核算体系、环境影响数量技术、环境问题争端协调解等问题的困扰[2]；杜秋莹则进一步提出了区域间货币补偿、资源环境成本的完全定价、区域间资源环境的产权交易（排污权交易和产权交易）、生态特区建设等生态补偿方式[3]。

在区域环境规制方面，例如，王文龙等认为制定环境标准的行政管制方法、征收排放费、可交易的排放许可证，以及当事人相互协商和谈判的科斯方式来进行跨界污染防治的制度设计[4]；曾文慧则以新制度经济学的产权理论为基础，结合国际流域治理实践，对跨界水污染的环境规制制度、环境规制结构和环境规制工具进行了理论探讨[5]。

另外，一些学者也从博弈角度探讨区域环境规制中的地方政府间的竞合关系。例如，刘洋等从博弈论的视角分析了地方政府在环境污染治理中复杂的博弈关系，以此来探讨合作治理的可能性和合作策略[6]。

（2）法学研究视角

在法学视角上，学者主要从区域环境立法、法制体系建立角度讨论跨行政区环境治理相关的立法或执法问题。例如，王灿发等学者基于区域性环境

---

① 方福前：福利经济学［M］．北京：人民出版社，1994 年 7 月版，95——97．

② 吴晓青：区际生态补偿机制是区域间协调发展的关键［J］．长江流域资源与环境，2003（1）：13—16．

③ 杜秋莹，李国平：跨区域环境成本及其补偿［J］．社会科学家，2006（4）：69——72．

④ 王文龙，唐德善：对中国跨区域水污染治理困境与出路的思考——经济学分析视角［J］．福建行政学院福建经济管理干部学院学报，2007（3）：5—10．

⑤ 曾文慧：越界水污染规制——对中国跨行政区流域污染的考察［M］．上海：复旦大学出版社，2007 年版．

⑥ 刘洋，万玉秋：跨区域环境治理中地方政府间的博弈分析［J］．环境保护科学，2010（1）：34—36．

管理机构设置的必要性、可能性和设置的基本原则，给出了区域环境治理的立法规范、组织法规体系、环境执法权设置等相关立法建议[①]；李海明则是针对我国目前在处理跨行政区域水污染纠纷中，存在着行政部门相互协调不足、注重实体法轻视程序法等方面问题，提出完善流域管理体制、健全有关跨行政区域水污染纠纷处理的法律法规和区域水污染纠纷处理方法，使非诉讼方法和诉讼方法并重，以促进跨行政区域水污染纠纷的解决[②]。

（3）行政学研究视角

在行政学角度上，一些学者主要从现行行政环境管理体制变革、区域环境治理机构创新、治理困境原因解释和对策等方面，讨论了区域环境治理的合作治理问题。例如，陈瑞莲、蔡立辉在《珠江三角洲公共管理模式研究》《区域公共管理》两本著作里探讨了区域公共管理的基本理论，按专题研究当前区域公共管理的热点问题，提出了珠江三角洲地区的政府公共管理模式，并从治理理念、治理机制等方面论述了区域公共管理制度创新的基本路径[③]；周海炜等则是剖析了我国当前跨界水污染治理体制的内部矛盾，包括多主体运行和三层治理体系（中央、地方、区域内外），提出了建立基于多层协商的跨界水污染综合治理对策[④]；蔡立辉则认为当前我国的环境管理体制存在"地方分割、条块分离"等诸多"碎片化"现象（例如中央政府和地方政府在"价值整合方面的碎片化"、政府之间在"资源和权力分配结构方面的碎片化"、环境政策"制定和执行的碎片化"等情形），这些碎片化直接影响了我国环境管理体制的运作效率，并从整体性政府的视角提出了我国环境管理体制变革的方向和路径；之后，王资峰（2010）也基于当前中国流域水环境管理体制，详细探讨了流域水环境管理中地方政府间关系、职能部门间关系等问题，认为当前的行政区域分割不利于区域性公共问题的解决[⑤]；丁颖（2010）以"长

---

① 王灿发：跨行政区水环境管理立法研究 [J]. 现代法学，2005（5）：130—140.

② 李海明：环境行政指导法律制度研究 [D]. 福州大学，2006年.

③ 陈瑞莲，立辉等：珠江三角洲公共管理模式研究 [M]. 北京：中国社会科学出版社，2004年，第60—80.

④ 周海炜，钟尉，唐震：我国跨界水污染治理的体制矛盾及其协商解决 [J]. 华中师范大学学报，2006，40（2）：234—239.

⑤ 王资峰：中国流域水环境管理体制研究 [M]. 北京：中国人民大学，2010年版.

三角"区域环境合作治理为例，认为合作治理的理念滞后、合作治理的机制不完善、合作治理的法律体系不健全、缺乏专业的组织机构、合作治理中互动不足是当前"长三角"区域环境治理过程中存在的主要问题，提出了构建环境保护区域合作机制、完善区域环境保护与治理的法律体系、建立制度化的组织机构、引入广泛的社会资本、推动区域生态技术联合攻关共五个方面的具体政策建议[①]。

2. 流域和区域环境治理对策的研究

（1）从治理机制上进行设计

在区域环境治理机制方面，我国一些学者也做了积极的探讨。例如，陈瑞莲（2008）在其有关区域行政、粤港澳公共管理体制、珠江三角洲地区公共管理模式的研究中，不仅强调了地方政府间横向协调在区域环境治理中的重要性，而且进一步探讨了建立新型政府间关系的机制，认为新型政府间关系有赖于四种机制的建立：平等互信的政治对话机制、互惠互利的利益协调机制、高效的问题磋商机制以及科学合理的权力调控机制[②]；张成福则针对跨区域公共事务治理的特点，对区域公共问题的治理困境进行深入的探讨，并在借鉴西方跨域治理的先进经验的基础上，结合我国的现实国情和区域现状，有针对性地提出了3种跨区域治理的模式（中央政府主导模式、平行区域协调模式和多元驱动网络模式）和8种协作机制（利益机制、互助机制、沟通机制、协商机制、信息机制、资金机制、规划机制、评估机制）[③]；另外，有一些学者从行政区经济竞争的角度分析区域环境治理中的政府间合作治理问题。例如，周黎安从地方政府官员政治晋升博弈角度，认为政治晋升的博弈关系在一定程度上决定政府官员愿不愿意参加区域环境的合作治理[④]，有效的绿色

---

① 丁颖，任旭娇：长三角区域府际环境合作治理的对策思考［J］.江南论坛，2010（12）：18—20.

② 陈瑞莲：区域公共管理理论与实践研究［M］.北京：中国社会科学出版社，2008年版，第80—100页.

③ 张成福，李昊城，边晓惠：跨区治理：模式机制与困境［J］.中国行政管理，2012（3）：102—109.

④ 周黎安：中国地方官员的晋升锦标赛模式研究［J］.经济研究，2007（7）：36—50.

GDP 考核机制能够促使地方政府重视区域环境问题[①]。

（2）从实际案例中吸取经验教训

在介绍治理经验方面，美国田纳西流域管理局和法国的流域管理模式是世界上流域管理的两种典型模式，黄德春等详细介绍了这两种流域管理模式，希望从这两种治理模式中汲取较好的经验[②]；陈秋政则以"洛杉矶河整治计划"为例，阐释了政府中心（governmental centered）、市场中心（business centered）之外的社会中心（social-centered）途径，分析了社会中心治理途径的内涵、部门间合作的影响因素和实现途径[③]；此外，其他一些学者则立足于一些现实案例，希望从不同区域环境治理案例中得到有益的经验启示。例如，钟卫红（2006）则以"泛珠三角"区域环境合作为例，探讨"泛珠三角"区域环境合作动力机制、基础条件和未来挑战，指出应该借鉴国际环境合作经验，进行流域生态补偿制度、跨界环境污染纠纷处理制度、公众参与机制等制度[④]；林水吉则是结合具体案例探讨区域环境治理的运作机制和制度结构，他认为：塑造伙伴型政府、跨域政策议题的解决以及以催化型领导凸显区域问题的重要性等[⑤]；曾瑞佳则基于政治问责、法律问责、行政问责、专业问责探讨了区域治理中的责任机制问题，并将上述问责作为促进地方政府合作的工具[⑥]。

除此之外，国内其他一些学者则是基于现实案例来寻求区域环境有效的治理机制。例如，施祖麟等（2007）以江浙边界水污染治理为例，探讨了我国跨行政区河流域水污染治理管理机制，认为解决跨行政区水污染治

① 周黎安，陶婧：官员晋升竞争与边界效应——以省区交界地带的经济发展为例［J］．金融研究，2011（3）：15—26.

② 黄德春，陈思萌，张昊驰：国外跨界水污染治理的经验与启示［J］．水资源保护，2009（4）：78—81.

③ 陈秋政：社会中心途径之跨部门治理研究：以洛杉矶河整治计划为例［D］．中国台北："国立"政治大学，2007.

④ 钟卫红：泛珠三角区域环境合作：现状、挑战及建议［J］．太平洋学报，2006（9）：23—31.

⑤ 林水吉：跨域治理：理论与个案分析［M］．中国台北：五南图书出版股份有限公司，2009.

⑥ 曾瑞佳：论跨域治理的课责机制［J］．"国立"台湾大学地方与区域治理电子期刊，第1期，2010.

理较为可行的方案是要保持以政府层级结构基础上的管理体制，通过机构、机制、法规等综合性改革来协调当前管理体制中流域及区域中不同部门、不同层级间的矛盾[1]；罗忠桓（2011）则以湘鄂渝黔桂接边地区五溪源历史沿革与治理创新为例，来探讨省际接边地区的环境治理问题，他认为单一的行政区划无法实现区域公共问题的高效治理，必须要建立以政府为中心，政府间协作、社会广泛参与的多中心的区域治理机制[2]；成艾华（2012）也以南水北调工程影响下的汉江中游地区襄阳市为例，来讨论区域环境的可持续发展问题，提出了重视清洁生产、建立符合地区发展的排污权交易制度、建立环境保护基金是促进该地区经济可持续发展的路径选择和制度安排[3]。

综合以上文献可以看出，关于流域水污染或者区域环境治理的研究呈现出多主体、多视角、多层次的倾向，研究也较为深入，流域水污染治理中的法律法规完善、环保制度的完善和创新、环境经济政策的引入、区域生态环境一体化建设等问题也为理论界所关注，这些已有的成果为后续的研究提供了较为坚实的研究基础，创新流域水污染治理模式、提高环境治理效能以适应建设我国美丽中国的需要已成为一个基本共识，多元主体参与的协同治理已开始成为一个重要的研究方向。但是从整体来看，目前很多关于流域水污染治理的研究是从静态的视角来分析地方政府间如何合作，走出合作治理困境，缺乏从动态的、全过程的视角来研究一个流域水污染的有效治理。因此，有必要从动态的视角通过经验研究并深化相关分析，系统分析流域水污染治理过程中的各种影响因素及其演化过程。

---

① 施祖麟：我国跨行政区河流域水污染治理管理机制的研究——以江浙边界水污染治理为例［J］.中国人口·资源与环境，2007（3）：3—9.

② 罗忠桓：从行政区行政走向区域治理：省际接边地区治理的范式创新——以湘鄂渝黔桂接边地区"五溪源"历史沿革与治理创新为例［J］.甘肃行政学院学报 2011（2）：52—65.

③ 成艾华：南水北调工程影响下的地区可持续发展研究——以汉江中游地区襄阳市为例［J］.理论月刊，2012（1）：139—141.

四、研究思路和研究内容

（一）研究思路

首先，对流域水污染治理的相关文献加以综述，了解目前理论界关于该项研究的研究现状和主要观点，并在已有研究的基础上寻找研究切入点，进而提出研究思路、研究内容以及基本框架。

其次，立足于流域水污染环境治理中地方政府间合作治理的困境，以湘渝黔清水江流域水污染治理作为研究案例，对该流域水污染治理过程中的存在问题、现象、治理方式进行总结，来了解该流域水污染治理模式的路径演化过程。

再次，对清水江流域水污染治理过程中影响环境治理绩效的各个因素进行系统的比较，来分析和提炼清水江流域水污染治理由"久治不愈"到"成效显著"的各个因素，进而通过问卷调研来确认这些因素在流域水污染治理过程中的影响因子和贡献度，从理论上廓清各个因素在流域水污染治理中的直接或者间接效应关系。

最后，得出研究发现、研究结论以及区域环境网络化治理模式创新的政策建议，并对研究结论进行充分探讨，总结研究发现和不足，达到研究目的。

（二）研究内容

1.研究内容

根据研究思路，研究内容主要分为以下七个部分。

第一章是绪论部分。主要阐述研究的背景、研究的问题以及研究的意义，之后对核心概念进行界定，并对相关研究文献进行综述，在已有研究文献的基础上提出研究思路、研究内容以及基本框架；

第二章是论文的研究视角和研究设计。首先，提出了本研究的视角——网络化治理；其次进行研究设计，依次从研究方法、研究工具、研究对象、抽样、数据收集、数据分析、效度和信度以及研究进入的路径等八个方面进行研究设计。

第三章是对研究案例进行"深描"。首先介绍清水江流域水污染治理的缘起，之后基于实地调研和访谈数据，采用"解构——分析——综合"的分析方法对"锰三角"历时 12 年的区域环境治理过程进行剖析，对清水江流域水污染治理治理中各个行动者如何互动来突破"合作困境"取得"治理绩效"的过程进行"深描"，力图将清水江流域水污染治理绩效的动态过程展现出来，系统比较和归纳清水江流域水污染治理中的各个影响因素。

第四章是清水江流域水污染治理过程的比较分析。从合作平台、参与网络、行动者和合作过程四个方面对清水江流域环境治理进程中缓解合作困境的不同路径进行对比和深入分析，通过真实世界中地方政府间合作治理平台、参与网络、行动者和合作过程进行动态的描述与比较，深入挖掘影响区域环境治理绩效的关键因素。

第五章是清水江流域水污染治理呈现的特征和关键因素的实证研究。在总结水污染治理模式的总体特征基础上，分析和提炼促使该流域水污染治理绩效实现的影响因素，通过因素分类、问卷设计、数据收集和数据分析来深入挖掘影响"合作治理困境"的生成和"治理绩效实现"的关键因素以及更为微观的一些治理特征。

第六章是研究发现和政策建议。在对前面几章分析归纳的基础上，总结清水江流域环境治理的研究发现，在此基础上，构建我国流域水污染治理的网络化治理模式，以及网络治理模式的运行机制和保障机制，进而提升流域水污染治理效率，促进流域水污染治理目标的实现。

第七章是结论和展望。进一步总结研究结论、创新点和不足之处，并对未来研究方向和内容进行展望。

2. 研究内容

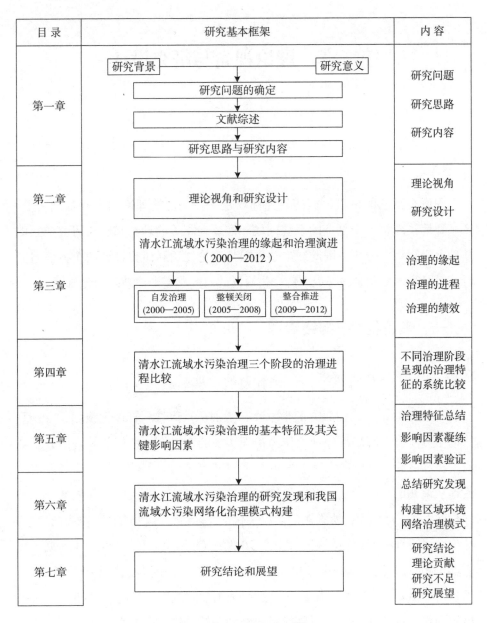

图 1-2 研究的基本框架

第二章　理论视角与研究设计

理论是行动的指南，任何研究都要建立在一定的理论和实践基础之上。区域环境治理是一个复杂的系统问题，需要在相关的理论和已有研究成果的基础上进行综合分析。因此，本章主要从理论视角和研究设计两个方面对此研究思路和研究框架进一步细化，为后续的研究奠定理论基础和分析框架。

一、理论视角：网络治理

（一）从科层到网络——一种新的治理模式

20 世纪后半段，在西方的学术界，特别是政治学和管理学领域，"治理"一词十分流行，网络治理理论作为治理实现的方式之一也逐渐受到西方学者的关注和青睐，其中欧洲和美国的学者对其有较为深刻的研究和应用。网络治理从最初的社会学、经济学领域逐步扩展到管理学、政治学等领域。从某种程度上看，治理理论所强调的"民主化""多元化"以及合作、协商的理念，都与网络治理有着内在的逻辑关系。20 世纪 60 年代，利特韦克（Litwak）和迈耶（Meyer）就对社会服务供给的组织间合作机制问题进行了初步的研究；奥尔特（Alter）和哈格（Hage）通过对美国联邦政府系统运行的研究，认为组织网络理论关注的中心应是网络的结构联结，组织间的合作是一个方法或过程，而不是一种结果[①]，进一步推动了组织网络治理理论的发展。

---

① 朱德米：网络状公共治理：合作与共治［J］.华中师范大学学报（人文社会科学版），2004，43（2）：6—9.

20 世纪 80 年代开始，网络理论被引入公共政策领域，形成了政策网络治理流派，产生了有代表性的两种理论主张：行动者中心制度主义和管理复杂网络。前者以德国麦斯·普朗克学派为代表，认为网络是一种非正式的制度架构，即政策网络是公、私行动者间水平的自我协调的理想制度架构，换言之，公、私行动者形成网络来交换彼此互赖的资源，以实现共同的利益；后者则以荷兰学者克林等人为代表，认为在一个日益复杂和动态的环境中，科层制的协调已经非常困难，由于市场失灵，解除管制也变得非常有限，治理便只有在政策网络中才显得比较可行。在网络中，公共和私人的集体行动者，资源相互依赖，以一种非科层的形式连接起来，协调利益和行动[①]。

20 世纪 90 年代以来，伴随着跨地区以及跨组织公共事务的开展，各种跨区域的合作急需一种积极有效的合作方式，网络治理开始成为公共管理学者关注的课题。鲍威尔（Powell）发现在许多非营利性组织和公共部门中，组织间的管理日益转变为多种形式的合作联盟关系，并且以此作为提升管理有效性和组织竞争力的方法[②]；奥图勒（o'Toole）阐述了对于现代公共行政实践中网络日益增长的重要性[③]，并将其归结为如下内容。

（1）公共行政中许多问题不能完全分割成小块分别交给不同的部门去处理，必须涉及跨机构之间的协作。

（2）处理复杂事务的政策可能必需网络化的结构才能执行。

（3）政治性压力使得网络可能是实现政策目标所必需的。

（4）必须努力使各种联系制度化。

（5）跨部门和不同层次管理的需要。

以上分析表明，网络治理理论为当代公共管理者开辟了一个新兴的、可行的研究视角，已经成为西方的公共管理学研究中的讨论焦点，作为一种新

① 郐益奋：网络治理：公共管理的新框架 ［J］. 公共管理学报，2007，4（1）：89—96.

② 沃尔特·W. 鲍威尔，保罗·丁. 迪马吉奥：组织分析的新制度主义 ［M］. 姚伟译. 上海：上海人民出版社，2008 年 5 月版.

③ Laurence J.O'Toole, Jr。 Treating Networks Seriously：Practical and Research—Based Agendas in Public Administration［J］. Public Administration Review，1997，57（1）：45—52.

的治理机制，并广泛应用于政府公共事务管理的各个领域^①（如图2-1所示）。

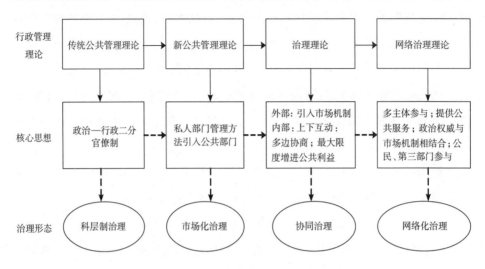

图2-1 公共管理理论的动态演进

（二）网络治理的特征和内涵

1. 网络治理的特点

（1）治理主体多元化。网络治理认为公共事务的治理主体多元，除了政府外，还可以是市场主体、第三部门等其他社会公共行动者，多元主体的相互联系和作用形成一个有效的治理网络^②。

（2）治理网络中的权力向度是多元的、相互的，既不靠单一等级制自上而下的控制，也不完全受市场机制的操纵。它的运行逻辑是以谈判为基础，强调行为者之间的对话与协作，以交换信息、促进合作，进而减少机会主义的行为，有利于不同机构之间增进了解，加强沟通，降低冲突，凸显治理理论的民主特征。

（3）网络治理的实现效果不依赖科层制下的"命令——执行"，也不同于市场下的"等价交换"，而是依靠相互联系、相互依赖的伙伴关系，以达到

---

① 姚引良，刘波，汪应洛：网络治理理论在地方政府公共管理实践中的运用及其对行政体制改革的启示［J］．人文杂志，2010（1）：76—85.

② 姚引良，刘波，汪应洛：网络治理理论在地方政府公共管理实践中的运用及其对行政体制改革的启示［J］．人文杂志，2010（1）：76——85.

1+1>2 的整体协作效应。

（4）网络治理有效运转的前提和基础

首先，信任是网络治理有效运行的基础。信任是网络治理得以形成、发挥作用的关键因素[①]。行动主体之间存在着相互信任，可以推动网络治理中的合作，有效解决彼此间的分歧，减少集体行动的障碍，约束行动者自觉遵守网络规则，为实现共同的目标通力配合。对于各成员来说，通过不断的对话交流，可以克服有限理性的先天不足，通过各种形式的合作，可以将彼此锁定在利害相关的治理网络中，从而减少机会主义行为。

其次，沟通是网络治理有效运行的润滑剂。网络治理的主体是多元的，组织结构也是非正式的，需要通过建立有效的协商机制来调整行动主体间的关系，减少多元互动所带来的不确定性，增强整体的系统优势，创造协同效应，促进公共问题的解决。

再次，承诺或协同是网络治理有效运行的动力。各行动主体通过相互沟通，改进行为模式，能够正确认识和解决分歧，形成一致性的知识和集体价值体系，进而促进公共治理绩效的实现[②]。

2. 网络治理与科层制、市场化治理模式的区别

（1）从层级与网络治理结构来看

首先，网络与层级的结构特征有所区别。网络治理模式体现的是一种“多对多”的结构关系，与层级组织的“一对一”不同，网络治理模式下，权威或权力行使的过程中，政府只是其中的一个主体，与其他社会组织如企业、第三部门、社会公众等形成一种相互作用的“多边关系”，而不是“双边关系”。

其次，网络与层级的作用方式和效果有所不同。与传统层级模式下政府利用绝对权威的作用方式不同，在网络治理中政府发挥引导、监督的作用，成为网络结构中的一个核心结点，把众多参与者联系在一起，进而成为各参与主体之间的一个通道。对政府来说，为各类公共事务和提供公共服务构建

---

① 马晓明，易志斌：网络治理：区域环境污染治理的路径选择 [J].南京社会科学，2009（7）：69—72.

② 刘波，王力立，姚引良：整体性治理与网络治理的比较研究 [J].经济社会体制比较，2011（5）：134—140.

不同的网络是其基本的责任，为了保证网络合作的成功实现，政府需要增强各参与主体的互动、促进信息交流和减少外界环境所带来的不确定性和干扰，实现参与主体之间的有效的沟通[①]。

再次，网络与层级构建的基础不同。传统层级模式依靠的是自上而下的权力链条进行领导和控制，依赖单一的权力中心，而网络治理模式中网络运行的前提基础是信任与合作，网络组织中的参与主体在信任的前提下，通过平等对话和相互协商，为了实现共同的利益开展合作。

最后，网络与层级治理模式不同。网络组织不同于层级组织的封闭和严密，它具有与外界信息交换和沟通并根据外在治理环境相应变化，政府与其他参与主体构成了相互作用的合作网络。由于公共问题的多样性，政府必须与网络中其他参与主体合作，才可能有效地回应社会需求（如表 2-1 所示）。

表 2-1　科层模式、市场模式和网络治理模式的综合比较分析

类别	科层模式	市场模式	网络治理模式
目标	中央执行者利益最大化	提供交易场所	合作者的利益优先
垂直一体化	高度集中	低	可变，分散化均衡
信用	低	低	对成员间信任度要求较高
冲突解决	行政命令	市场规则、交易契约	合作共商机制、沟通机制
边界	行政区划为边界	可变的交易契约	柔性、跨区域、跨部门
联系	通过行政渠道，一对多联系	多对多，一对多	多对多，密切联系
任务基础	功能导向	一致性，完成目标	项目导向
激励	政绩考核	市场份额、绩效考核	目标达成度、合作收益
决策轨迹	自上而下	完全自主	共同协商、纵横交错
资源配置方式	行政命令 / 服从关系	价格机制、供求机制	信任、沟通、承诺、协调

①　陈瑞莲：区域公共管理理论与实践研究［M］.中国社会科学出版社，2008 年版，第 204—207 页.

续表

类别	科层模式	市场模式	网络治理模式
交易成本	低	高	中
管理成本	高	低	低
合作稳定性	强	弱	较强
资源配置效率	较高	低	高

资料来源：根据李维安（2003）[①]、陈瑞莲（2008）[②]的资料整理形成。

（2）从层级与网络治理理念来看

首先，"社会导向"的治理理念。从某种程度来看，网络治理从多元主体参与、协商合作、平等等角度开辟了一种新的治理途径，网络治理要求政府始终关注社会公众的需求，以便积极快速地应对社会公共问题，并且鼓励非政府组织和社会公众广泛参与。它是一种多元、民主、合作的治理模式，这与传统的层级治理理念不同。传统的科层治理，遵循"大政府，小社会"的治理理念，政府在国家与社会中的各个领域包揽一切。伴随公民意识的觉醒和参与公共事务呼声的高涨，政府将加强与社会各种力量的互动协作，公共治理责任将在政府与社会之间共同承担。可以说，网络治理的过程实质就是政府与社会关系变迁和调整的过程，网络使得多元主体能够更大范围地参与到公共治理当中，并有了与政府平等对话、合作共治的机会，这无疑促进了公民社会的发展[③]。

其次，"服务导向型"的治理理念。网络治理作为治理理论在现实中一种可操作性强的运行模式，既包含治理理论的支撑，又依赖现代技术手段的支持，有利于实现统治行政向服务行政的转化，并且治理网络围绕特定的公共问题和公共事务而构建，并以实现社会公共利益为终极目标。因此，网络治理从本质上来说，就是为了更好地向社会、公众提供有效的服务。与传统层

---

① 李维安：网络组织：组织发展新趋势［M］.北京：经济科学出版社，2003 年版，第45—46 页.

② 陈瑞莲：区域公共管理理论与实践研究［M］.北京：中国社会科学出版社，2008 年版，第 206 页.

③ 陈家海，王晓娟：泛长三角区域合作中的政府间协调机制研究［J］.上海经济研究，2008（11）：59—67.

级治理的统治思想模式不同（它是从管理者的角度对社会进行管制和约束，政府追求效率优先），而网络治理而则是从社会现实需要出发，以社会公共利益为导向，实现社会公共问题的有效治理，由过去的重管制、轻服务向重视服务质量、满足社会需求转变，顺应了以社会需求为导向的新兴治理理念。

（三）网络治理理论在流域水污染治理中的适用性

1. 市场治理模式和基于科层结构的政府治理模式的失灵

市场经济制度是人类解决稀缺资源配置问题最有效的方式，在市场经济条件下，使用稀缺资源需要付费，稀缺资源最终由谁来使用，取决于谁愿意支付最高的费用。于是，有些学者主张私有化——将"市场"作为环境问题的解决方案，如罗伯特 J. 史密斯（Robert J. Smith）认为："无论是对公共财产资源所做的经济分析还是哈丁关于公地悲剧的论述"，都说明"在自然资源和野生动植物问题上避免公共池塘悲剧的唯一方法，是通过创立一种私有财产权制度来终止公共产权制度"[①]；韦尔奇（Welch）拥护对公地建立全面的私有产权，认为公地的私有化对所有公共池塘资源问题来说都是最有的解决办法；但传统经济学已证明，市场机制实现资源有效配置是有条件的。这些条件包括的完善的产权制度、完全的市场竞争性、充分的信息对称以及体现价值的市场价格体系等。众所周知，环境作为一种公共物品，具有非竞争性和非排他性，而且"对于流动性资源，例如水和渔场，就不清楚建立私有产权指的是什么了"[②]。此外，环境与资源价格的定价因素极其复杂，既需要考虑有形因素，又要考虑无形因素，要做到合理体现其价值的价格体系很困难。因此，在当前市场机制不完善的条件下，市场是无法有效克服区域环境污染问题的。

政府在市场经济的过程中是以弥补市场缺陷的角色出现的，正如奥普尔斯（Ophuls）所言："由于存在着公地悲剧，环境问题无法通过合作解决……所以即使我们避免了公地悲剧，它也只有在悲剧性地以强有力的中央集权——

---

① ［美］埃莉诺·奥斯特罗姆著.公共事物的治理之道［M］.余达逊，陈旭东译.上海：上海三联书店，2000年版，第27页.

② Welch, W. P. The Political Feasibility of Full Ownership Property Rights: The Cases of Pollution and Fisheries［J］. Policy Science, 1983（16）：160-185. 转引自埃莉诺·奥斯特罗姆. 公共事物的治理之道［M］.上海：上海三联书店，2000年版，第29页.

'利维坦'作为唯一手段才能做到"[①]。但是，政府本身也存在一个效率问题，市场解决不了的问题，政府也不一定解决得好，而且，政府的效率比起企业效率的影响更要广泛。政府一旦不能纠正市场失灵，就会使资源配置更加缺乏效率和不公平。淮河污染的反弹和 2007 年爆发的太湖"蓝藻危机"事件，与其说是市场失灵，不如说是政府失灵[②]。在我国市场化取向的过程中，地方政府的经济决策权和资源支配权也逐渐扩大，各级地方政府既担负保护生态环境的责任，又担负发展地方经济的责任，不能有效地协调经济增长与生态环境保护两者的关系，存在着片面重视经济增长而忽视环境的内在冲动[③]。在政治环境中，作为行政科层组织成员的地方政府官员作为中央政府的代理人，按照公共选择理论的视角，他们同样扮演着"经济人"的角色，其目标既不是公共利益，也不是机构的效率，而是个人效用[④]。也就是说，当一个人由市场中的买者转变为政治过程的投票人、受益人、纳税人、政治家或官员时，他们的品性不会发生变化，他们还会按照"成本——受益"的原则追求效用或利益的最大化。作为政治家或官员个体，他们在"政治市场"上追求着自己的最大效用，如权力、地位、待遇、名誉等等，就会把公共利益放在次要地位[⑤]。虽然，利己主义的动机在市场经济的运行本无可厚非，但地方政府在与中央政府的环境博弈中，却"上有政策，下有对策"，对区域环境保护避实就虚，甚至与中央政府玩起了捉迷藏的游戏。一方面是国家庞大的治理资金投入，可另一方面却是"越治越污"。此外，科层结构虽然可以实行统一的集中控制，有效地防止被套牢和信息溢出的风险，但是正式科层权威系统也存在信息传递慢、损耗大等缺点。目前我国的行政体制分割性，使得地方政

---

① Ophuls, William.Leviathan or Oblivion?In Toward a Steady-state Economy, ed.H.E.Daly.San Francisco: Freeman, 1993.

② 马晓明，易志斌：网络治理：区域环境污染治理的路径选择［J］.南京社会科学，2009（7）：69—72.

③ 许庆明：环境保护和环境容量产权的合理界定［J］.中国环境科学，1999，119（4）：377—380.

④ 周国雄：公共政策执行阻滞的博弈分析——以区域环境污染治理为例［J］.同济大学学报（社会科学版），2007，18（4）：91—96.

⑤ 张康之：公共行政："经济人"假设的适应性问题［J］.中山大学学报（社会科学版），2004，44（2）：12—17.

府依赖中央政府与上级政府，地方政府之间缺少有效的横向互动。在地方政府层次上，环境规制的外部性既表现为不同利益群体之间的财富转移，还体现在环境政策效应的溢出[①]，例如对于邻近地区和本地代际的流域水污染治理成本或环境保护收益的溢出。并且地方政府之间缺少"境外管理权"，很难形成一种"地方政府—区域公共管理组织—地方政府"的网络化治理模式。

2. 流域水污染问题网络治理的必要性：需要多个主体、多部门的协作

随着我国经济和社会事业的快速发展，区域环境污染问题也日趋严重。严重的区域环境污染问题不仅影响到区域社会的可持续发展，而且构成了国家和地区的环境安全问题。例如 2012 年爆发的广西"龙江镉污染"事件和 2013 年 1 月爆发的山西苯污染事件表明，私有化——市场化、中央集权——利维坦作为区域环境问题的解决方案均已遭遇到治理困境。市场与政府对流域水污染问题的失灵，面对可持续发展战略的广泛实施和新公共管理理论的提出，我国的流域水污染治理应该转变传统思路，将对"发展"的理解从经济增长转变为强调经济和环境的协调发展，把对"管理"的理解从政府单一行政管理转变为由政府、企业、公共组织和公众共同参与的流域水污染治理过程。就流域水污染治理而言，一方面是流域水污染问题日趋复杂，涉及经济、社会、政治多方面；另一方面是政府结构与理性的缺陷使之难以有效治理。而且在环境危机决策过程中，单个组织无疑难以对决策所涉及的各个方面、各种技术都有充分的了解，因而需要最大限度地吸纳多元的治理主体而形成决策网络系统[②]。

网络治理是以经济发展和环境容量协调为目标，通过中央政府、地方政府、企业、非营利性组织和非政府组织等方面的有效协调与及时的信息沟通，推动政府、非营利组织、私营部门和公众多元主体共同参与的流域水污染治理模式。在这种模式中，中央政府在网络治理中仍然起引导作用，中央政府通过环境政策、市场经济手段、培育和扶持非营利性组织和非政府组织等监

---

① 李郁芳，李项峰：地方政府环境规制的外部性分析——基于公共选择的视角 [J]. 财贸经济，2007（3）：54—59.

② 刘霞，向良云：网络治理结构：我国公共危机决策系统的现实选择 [J]. 社会科学，2005（4）：34—39.

督和控制地方政府的环境规制行为，激励地方政府监督企业和公众的社会经济活动，避免地方政府有环境规制寻租行为。在流域水污染网络化治理中，管理重点将地方政府间以简单经济增长为目标的竞争关系转变到地区的经济和环境协调发展的合作关系；管理主体从地方政府单一主体转变为地方政府、私营部门、非营利组织和公众等多元主体；管理方式从政府行政命令为主转变为中央与地方、上游与下游、政府与企业多方面合作和共同参与。在流域水污染网络化治理模式中，完善的参与机制和及时的信息沟通能够为流域水污染治理提供多种治理渠道，从而提高治理主体参与环境治理的积极性，强化流域水污染治理的效果[①]。

综上所述，网络治理理论为流域水污染问题的治理提供了一个新的视角，也为流域水污染治理过程中出现的地方政府合作治理的"碎片化"提供了变革的方向和具体思路。本研究对流域水污染治理过程中多元主体参与治理的探讨，正是基于网络治理理论的视角下进行的。

二、研究设计

（一）研究方法

1.定性研究方法

本研究主要采用的是定性研究方法。定性研究是将观察者置于现实世界中的情景性活动[②]，以后实证主义为主要哲学基础，研究者在自然情境之下，综合运用田野调查、访谈、照片和备忘录等多种方法对社会现象或者社会问题进行广泛深入的探索性研究[③]。定性研究的优势在于对具体人物、社会群体

---

① 金太军：区域生态治理中的府际关系研究［M］.广州：广东人民出版社，2011 年版，第 42—43 页.

② 牛美丽：公共行政学观照下的定性研究方法［J］.中山大学学报（社会科学版），2006（3）：76—79.

③ 陈向明：质的研究方法与社会科学研究［M］.北京：教育科学出版社，2000 年版，第 10 页.

或者社会现象进行"深描"①，它是在事物的自然背景之下来研究具体的社会问题和社会现象，并试图根据人们对现象所赋予的意义来理解和解释这些问题和现象，并探究社会问题背后的所隐含的复杂关系②。

本研究选取定性研究方法主要基于以下几个方面的考虑。

首先，本研究所要回答的问题类型是描述性和解释性的。一项研究所要回答的问题通常在"5W"范围中，即"什么人（Who）""什么事（What）""在哪儿（Where）""怎么样（How）"和"为什么（Why）"？本研究主要致力于理解区域环境治理过程中地方政府间关系协调的实际情况，地方政府可能遭遇的合作困境有哪些？这些合作困境生成的背后原因是什么？有哪些因素在制约或者推动合作困境的生成或者逐步得到解决的？这些因素的影响因子和影响路径呈现怎样的特征？因此，本研究属于描述性和探索性的研究内容。为了深入了解流域水污染治理中地方政府间关系和协调的实际情况，并探索流域水污染治理中各种影响因素的作用机理，研究者不仅需要从动态视角考察相关政府部门的合作策略和行为，还要研究在流域水污染治理中地方政府间合作困境的形成或突破所受的政治、经济、管理、制度等诸多因素的影响，只有定性研究才能满足这种"深描"的需要。

其次，本研究是对"行动者"的研究。从表面上看是研究流域水污染治理中地方政府间的合作困境的生成与突破，实际上是研究的是流域水污染治理进程中各个不同的参与者的行动和行为，以及这些行为或行动背后的动机和机制；同时对这些角色的研究不是孤立的、静止的，而是要从动态的视角来考虑流域水污染治理中地方政府协作的制度变迁过程和治理特征。

再次，本研究需要通过细致生动的案例对研究问题进行描述，来深刻阐述案例的发生、发展的真实过程来寻找研究答案，进而挖掘出影响流域水污染环境治理的关键因素，为实证研究提供理论依据和支撑。

---

① 陈向明：质的研究方法与社会科学研究［M］.北京：教育科学出版社，2000年版，第10页.

② 牛美丽：公共行政学观照下的定性研究方法［J］.中山大学学报（社会科学版），2006，46（3）：76—79.

2. 定量研究方法

在定性研究的基础上，通过本研究在引用相关案例的基础上，这些收集的资料既可以对论文前面的分析进行修正和扩展，又可以为区域地方政府之间构建动态的可持续的合作机制提供数据支持。此部分主要基于问卷调查，对清水江流域水污染网络化治理的效果以及影响因素进行统计分析。

（二）研究工具

1. 案例研究

定性研究的方法众多，如扎根理论、民族志、焦点团体、案例研究等方法。本研究选择案例研究作为主要的分析工具。罗伯特·K.殷认为在决定采用某种研究方法前必须考虑三个条件：（1）该研究所要回答的问题是什么？（2）研究者对研究对象及事件的控制度如何；（3）研究的重心是当前发生的事情，或者是过去发生的事情？而案例研究最适合如下情况：研究的问题类型是"怎么样"和"为什么"，研究对象是目前正在发生的事件，研究者对于正在发生的事件不能控制或者极少能控制[1]。

本研究之所以选择案例研究主要是基于案例研究的特点以及本研究的目的和选题的角度。案例研究作为定性研究的主要研究方法不仅可以帮助我们增进对个人、组织、社会及其它领域的了解，而且可以使研究者原汁原味的保留其现实意义的特征。此外，案例研究使用的研究问题类型是"如何"和"为什么"？特别注重"解剖麻雀"的思维，可以对具体社会问题进行深入了解和数据挖掘。

因为，本研究是围绕着"一个有效率的流域水污染治理模式该如何构建？"这样一个核心研究问题展开的，因此，本研究适合案例研究的基本要求。在案例研究的类型上，根据应国瑞（2004）的分类标准[2]，本研究拟采用第三种类型，即嵌入式单案例（多分析单元）分析，本文拟以湘黔渝"锰三角"

---

① 罗伯特·K.殷著：案例研究：设计与方法［M］.周海涛等译.重庆：重庆大学出版社，2004年第2版，第10页.

② 罗伯特·K.殷将案例研究分为四种类型：单案例（单一分析单位）、多案例（单一分析单位）、嵌入案例研究（多分析单位）、多案例（多分析单位）四个类型。

界河——清水江流域水污染环境治理作为典型案例，在深入的实地调查研究基础上，通过对湘黔渝清水江流域水污染治理（2000-2012年）期间一系列特定事件的"扫描"，力图展现一个有效率的流域水污染治理模式的建立和发展的历程以及各个核心行动主体在该历时性"场域"中演绎的真实故事。继而遵循发现——反思——总结的认知程序，对案例背后的学理意蕴进行梳理和提炼，深入探析影响流域水污染环境治理绩效的关键因素以及运作困境背后深层次的原因，从而厘清流域水污染治理中地方政府间协作及其影响因素运作逻辑、方式和机制，为其他地区流域水污染问题的有效治理提供理论借鉴和数据支撑。

2. 统计分析工具——SPSS17.0统计软件

流域水污染治理效果及其影响因素的讨论，不仅需要规范性的理论演绎，还需要运用正确的实证研究方法加以验证。在本书第5章第2节对影响清水江流域水污染环境治理的各个因素的影响因子和路径依赖效应测算方面，主要使用了SPSS17.0统计软件作为数据处理的主要工具。

（三）研究对象——湘黔渝"锰三角"界河——清水江流域水污染环境治理

案例的选择应该具有代表性，既要具有社会科学研究意义上的代表性和典型性，而且也要尽量具有统计学意义上的代表性[①]。本研究选择湘黔渝"锰三角"清水江流域环境治理作为研究案例主要基于以下五个方面的因素。

1. 清水江流域水污染环境治理是近年来区域治理过程中涌现出来的一个环境治理较为典型的一个案例[②]，它的治理绩效的实现过程也是环境政策中公共价值的不断实现过程，具有较好的启示意义

湘黔渝"锰三角"界河——清水江——流域是指位于重庆秀山县、湖南省湘西州花垣县和贵州铜仁地区松桃县的两省一市交界区域，该区域锰矿资源丰富，目前是我国最大的电解锰生产基地，其产量已占全球电解锰总量的

---

① ［美］艾尔·巴比：社会研究方法（上）［M］．北京：华夏出版社，2000年版，第16页．

② 陆新元：区域环境综合整治"锰三角"模式的启示［J］．环境保护，2009（1）：26—30．

40% 至 50%[①]。"锰三角"地区的环境污染问题和全国其他流域的污染问题一样，具有相似的历史背景，均是由资源的无序开发、地方政府对地区环境不够重视、环境治理中的"搭便车"效应，但是与其他流域水污染区域的环境治理效果相比较，却有一个很明显的结果，即环境治理效果不同。该流域水污染区域的环境治理虽然历时 12 年（2000 至 2012），但是却最终使得该区域环境问题由"久治不愈"到"成效显著"[②]。因此，清水江流域水污染作为一个较好地解决区域环境问题的范例[③]，对我们如何实践习近平生态文明思想、走绿色发展之路、建设美丽中国，解决危害群众身体健康和影响可持续发展的突出环境问题，以保护环境和优化经济增长，有力地实现了政府环境政策中的公共价值，因此，选择这样一个案例是有代表性的，而它的治理效果也具有一定的启示意义。

2. 清水江流域水污染治理过程中呈现的各种复杂性特征以及动态治理过程，是可为国内其他区域公共事务的治理或者区域环境治理提供经验借鉴

一般来讲，清水江流域水污染治理问题，一般有两种情形：一类是同一个省级行政区域内水污染的治理，例如广西龙江镉污染事件、无锡太湖"蓝藻事件"；第二类是跨越多个省级行政区域的环境治理，如爆发江浙水污染 10 年恩怨的"筑坝事件"、松花江污染事故，相对于第一类区域环境问题来讲，后者协调和治理的难度更大。而"锰三角"清水江流域环境治理则属于后面这一类，是一个涉及跨越两省一市的特殊区域，更具复杂性和特殊性。

清水江流域水污染治理过程中呈现出跨（省）界性、复杂性、行业性、民族性等复杂性特征[④]：一是清水江流域水污染问题十分突出，已严重影响群众身体健康，引起党中央、国务院领导的高度关注；二是清水江流域水污染问题具有行业性、跨界性（涉及湘黔渝三省市）、区域性特点；三是该清水江流域水污染属于三省市中最边远的少数民族聚集区，经济比较落后。面对众

---

① 以 2005 年为例，我国电解锰产量共 55.64 万吨，其中"锰三角"的产量就达 43.67 万吨，即占 78.55%，可见"锰三角"地区产能在我国锰矿业开发中的比例。

② 武卫政：从"猛发财"到"稳发财"——湘黔渝交界"锰三角"环境综合整治见闻 [N].人民日报，2009 年 4 月 23 日，第 001 版.

③ 武卫政："锰三角"的变迁 [N].人民日报，2007 年 2 月 16 日，第 001 版.

④ 陆新元：区域环境综合整治"锰三角"模式的启示 [J].环境保护，2009（1）: 26—30.

多的复杂性以及近似"三不管"的地理位置，与经济发达地区和大流域相比，无论是在区位上还是经济力量上都不具有优势，但是这样一个区域在经历了12年的治理，却取得了较好的治理绩效，有力地实现了环境管理中的公共价值。因此，这样一个案例是有代表性的，而取得的治理经验也是值得借鉴的。

3. 清水江流域水污染治理长达 12 年的曲折治理进程中所蕴含的深刻教训，可为相关的研究提供正反两个方面的对比[①]

基于经验性的制度研究是具有重要的理论意义和实际意义的。"发锰财，猛发财"曾经是湘、黔、渝交界"锰三角"地区人们的口头禅，但是随着资源开发带来的环境污染，却使得清水江水污染达到"水不能喝""菜不能洗""窗不能开""澡不能洗""鱼虾绝迹""稻田减产"的严重后果。如何对清水江流域水污染进行综合整治，成为各级政府及环保部门的一道难题。

从治理进程来看，清水江流域水污染治理经历了"自发治理""整顿关闭""整合开发"三个主要阶段，在每一个阶段过程中，各个利益相关者的行为和策略成为影响区域环境治理效果的核心因素，而它 12 年的曲折治理历程更是充满了各种利益的争斗和妥协，它并没有呈现出传统制度主义学者所预想的那种"非此即彼"的一元治理特征，相反在整个治理过程中始终存在着"中央——地方""地方——地方""国家权力——民间政治精英""政府组织——非政府团体""外生制度—地方性制度资源"等多种二元力量的对抗与协同[②]。这种二元结构是一种权力的相互制衡，更是一种建立在兼容基础上的力量共生系统，系统中将会衍生出一系列复杂但却实用的规则、规定、符号、对话论坛、信号传递渠道、协商机会、民主参与等治理资源（蒋辉，2012），在强大的自上而下的外部压力和内生动力双重引导下，它会推动治理逐渐走向一种暂时的博弈均衡，进而实现了较好的环境治理效果，从而使得地方政府的发展观念由"发锰财，猛发财"转向"稳发财"。

---

① 武卫政："锰三角"的变迁 [N].人民日报，2007 年 2 月 16 日，第 001 版.
② 蒋辉：民族地区跨域治理之道：基于湘渝黔边区"锰三角"环境治理的实证研究 [J].贵州社会科学，2012（3）：74–79.

4. 清水江流域水污染治理的过程和治理效果，为区域公共事务的治理研究提供了良好的素材

区域公共事务治理与行政区行政总是紧密联系在一起，随着社会的快速发展和区域经济的迅速崛起，区域公共事务开始逐渐显现出来，由于行政区划的限制，具有刚性约束的传统行政区治理模式已不能满足现代区域公共事务治理的现实需求，区域公共问题尤其是区域性、流域性污染事件便开始在我国各地出现。纵观国内区域环境污染治理个案，无论是松花江水污染事件，还是无锡"太湖蓝藻"事件、广西龙江"镉污染"事件以及 2013 年 1 月发生的山西苯胺污染事件[①]，都可以清楚地看到，不管是发达地区还是落后地区，一旦需要各相邻地区通过合作治理环境或污染问题时，就会陷入一种区域环境治理困境：虽然上级政府高度重视，毗邻各省区也在"积极"执行，污染治理资金相当充足，相关污染防治技术也很先进，但最终的治理成效都不太乐观。这说明污染的治理在观念、政策、资金、技术的背后还有深层次的原因，各方主体因为行政区的划分陷入了类似"囚徒困境"的情境中，而省区交界地带的区域环境治理则属于准公共物品，缺乏多元参与的单方面治理以及一维的公共行政机制与模式显然不能达到帕累托最优，政府失灵就变得理所当然[②]；而出于趋利动机，此种情况下，除政府外似乎没有任何市场主体愿意提供这种公共物品，市场失灵也在所难免，在"有形"与"无形"之手均丧失作用的前提下，跨界的区域性公共问题层出不穷，愈发严重[③]。

在清水江流域水污染治理过程中同样出现过"一维困境"和"二维困境，"这是当前流域水污染治理过程中普遍出现的问题，而能否取得环境治理绩效的关键则在于能否突破这两重困境，不同治理阶段呈现怎样的治理特征，以及这些困境是如何得到突破的。因此，对于它的治理过程的分析就显得很有必要和富有价值，而它的治理进程也为区域公共问题的治理提供了良好的素

---

① 朱峰，范世辉：山西苯胺污染迟报，河北邯郸非常"受伤"[Z].新华网，2013 年 01 月 07 日.

② 武卫政：从"猛发财"到"稳发财"——湘黔渝交界"锰三角"环境综合整治见闻[N].人民日报，2009 年 4 月 23 日，第 001 版.

③ 蒋辉，刘师师：跨域环境治理困局破解的现实情境——以湘渝黔"锰三角"环境治理为例[J].华东经济管理，2012，26（7），44—48.

材，基于治理过程的分析来进一步挖掘影响流域水污染治理的有效因素和作用机理，对于其他区域公共问题的解决有一定借鉴意义，即通过激励性机制设计、中央政府持续压力或上级政府的可持续性承诺等因素，一些流域水污染问题是可以得到有效治理的。

（四）抽样方法——理论性抽样

本研究对样本的抽样采用的是"理论性抽样"，是根据理论探讨的前提来选取案例，不断增长的理论兴趣引导个案的选择[①]。清水江流域水污染治理涉及两省一市以及具体的贵州省铜仁地区松桃县、湖南省湘西州花垣县和重庆市秀山县，因此，本研究遵循以下步骤进行。

首先，选择松桃县、花垣县和秀山县进行调研，具体对象则是负责环境管理的县政府官员以及环保局官员、水务局、安监局、自来水公司等部门。

其次，选择选择由水污染导致大规模群体性事件的花垣县边城镇（2003年之前称为茶桐镇）镇、秀山县洪安镇、松桃县迓驾镇（这三个乡镇分布在清水江两岸）进行调研，一方面是了解镇政府在环境治理过程中都做了哪些工作，另一方面也是近距离直接接触边城镇、洪安镇和迓驾镇居民，直接了解清水江的真实治理情况，对当前的治理效果是否满意，之前在环境污染严重时的情形怎样？都采取过哪些行动促使政府开始重视污染情况？

最后，本研究还对重庆市、铜仁地区和湘西州环保部门进行了调研，获取到一些较为重要的通知和文件资料。

（五）数据收集——访谈、直接观察和问卷调查

案例研究方法的突出特点是多样化的数据来源，一般情况之下，案例研究可以有6种数据来源：政策文件、档案、访谈、直接观察、参与式观察和实物[②]。在本研究中进行数据收集时主要采用了以下几种方式。

---

① ［美］劳伦斯·纽曼著：社会研究方法［M］.郝大海译.北京：中国人民大学出版社，2007年版，第272页.

② 牛美丽：中国地方政府的零基预算改革［M］.北京：中央编译出版社，2010年版，第54页.

第一，半结构式访谈。这部分的访谈对象主要是秀山县、花垣县、松桃县政府、环保局、水务局、旅游局、安监局等部门的工作人员，了解在该区域环境治理进程中地方政府对合作治理的态度、合作治理的动机以及取得了哪些绩效？存在的问题是什么？对合作治理有何期望和建议？

第二是收集政策文件和通知。一是收集政府部门的下发文件和通知，在清水江流域水污染治理进程中，从中央政府到省级政府再到县级地方政府都先后出台和下发了许多文件，对这些文件的收集和整理有助于了解中央政府、省级政府和地方政府对清水江流域水污染治理的态度、治理资本投入、采取的治理方式、达到了哪些要求等内容；二是收集有关清水江流域水污染治理的纸质媒体、数字媒体的公开报道，了解清水江流域水污染治理中，各种社会力量的参与程度、公众满意度等内容。

第三是直接观察，了解清水江流域水污染治理的真实绩效。在边城镇和洪安镇进行调研，除了访谈两镇政府工作人员之外，亲自到清水江边进行实地查看，询问在此做旅游生意和居住的村民对清水江治理的满意度，值得肯定的是在访谈过程中，无论是政府官员还是清水江沿岸居民都给予了积极地回答，自己也在清水江边看到了村民洗菜、洗衣、孩子们在清水江里洗澡的画面，根据之前获得的信息，即在 2005 年之前，清水江水质已经被严重污染，已经达到"水不能喝""菜不能洗""窗不能开""澡不能洗""鱼虾绝迹""稻田减产"的情形，这些行为在当时根本是不可能发生的。

第四是问卷调查。为了深入测度影响清水江流域水污染治理绩效的关键因素及其贡献度，本研究在重庆市秀山县（含洪安镇）、湖南省花垣县（含边城镇）、贵州省松桃县（含迓驾镇）发放了约 450 份问卷，来对影响清水江流域水污染治理效果以及影响治理效果的关键因素进行了统计分析，来进一步了解清水江流域水污染治理过程中一些更为微观的治理特征，以及都有哪一些因素在发挥着作用。

（六）数据分析

本研究在数据分析方面主要经过两个步骤：一是对原始数据的处理；二是重视对数据反映内容的呈现。在处理研究期间获得的一手数据和二手数据时，本研究以制度分析与发展框架中的变量为关键词。

1. 在资料的分析方面

案例研究的证据分析的三种基本策略是：第一种是依据理论支持观点、在竞争性解释的基础上建立框架以及进行案例描述。案例研究的初衷和方案设计都是以理论假设为基础的，而理论假设反过来会帮助提出一系列问题，指导和检索已有的文献以及产生新的假设和理论。第二种总体分析策略是确立和检验竞争性解释。第三种是为案例研究开发出一个描述性的框架[①]。

在本研究的分析中，主要采用的方法是通过一定的理论分析为案例研究开发出一个描述性框架，然后在描述性框架内对所选取的具体案例展开研究。

2. 在数据内容的呈现方面

在研究过程中，基于不同的访谈者提供的不同视角和信息，来相互印证和支持，从而形成了清水江流域水污染治理的完整过程，能够使研究者了解清水江流域水污染在历时 12 年的曲折治理进程中，地方政府间的合作由"一维困境"到"二维困境"再到取得"治理成效"背后的关键因素和核心驱动力量，进而完整地呈现清水江流域水污染环境合作治理过程的全景。

（七）效度与信度

信度和效度是衡量定性研究的重要指标，前者是指研究者得出因果关系结论的有效性，后者是指研究结果的可信度和外推性。本研究采用以下方法来增加研究的信度和效度。

第一是三角化校正，三角化校正是指研究者通过多种方式测量某种现象，能尽可能地观察到它的所有方面[②]。本研究通过多种数据收集方式对不同利益相关者进行访谈，已验证获得数据的真实性。

第二，数据处理遵循从"范畴—性质—面向"的方式，以较为科学的方式处理数据，以增加研究结论的信度和效度。

---

① ［美］罗伯特.K.殷：案例研究设计与方法［M］.重庆：重庆大学出版社，2000 年版，第 119-122 页.

② ［美］劳伦斯·纽曼著：社会研究方法［M］.郝大海译.北京：中国人民大学出版社，2007 年版，第 181 页.

第三，采用严格的制度分析与发展框架，该框架是目前研究区域公共问题的较为规范性的分析框架，以确保分析逻辑的有效性。

第四，为避免先入为主的经验性和主观性的判断，在研究过程中，不断与涉及本研究的利益相关者进行沟通，进而不断改进研究思路，使得研究更加具有可行性。

第五，进行问卷调查，通过发放一定数量的调查问卷来获得在实际访谈过程中一些被访者不愿意或者回答不清楚的信息，进而利用SPSS17.0统计分析工具进行效度和信度分析，抽取清水江流域水污染治理的影响因素，进一步测量各个影响因素的影响因子和贡献度。

（八）研究进入的路径和研究道德伦理的考量

1. 研究进入的路径

本研究以清水江流域水污染环境治理过程为研究案例，最为核心的就是该区域内的地方政府之间都采取了哪些治理行为，是如何进行合作的？因此，能否进入到政府内部调研并获得数据是本研究的关键，本研究主要利用导师的介绍，以及之前在做"中央财政2009—2010年中央环保资金核查项目"期间的合作关系，此外还通过同学、朋友的社会关系获得进入机会，尤其是在花垣县政府、边城镇工作的同学，一方面使得本研究能够接触到高层次的政府官员，了解清水江流域水污染治理过程中的一些更加细微的信息，另一方面，也便于收集本研究所需的各种资料。

2. 研究中伦理道德的考量

为了保证定性研究的科学性，研究者扮演了"一般人可接受的无知者"的角色，尽可能从客观、中立的角度引导被访问者进行访谈，每次访谈不是随意性的对话，而是有确定目标的探索。在访谈过程中，首先告诉访谈对象，研究的目的在于博士论文写作，所有数据均用于学术研究。出于研究伦理的需要，论文对被访谈人的姓名和具体职务做了匿名化处理。鉴于此，文中所涉及的被访问单位和人员均以编码的形式出现。

第三章　清水江流域水污染治理过程的历史演进

　　本章是研究的逻辑起点，主要从两个方面进行研究内容的结构安排：首先，对研究对象——清水江——流域水污染治理进行介绍；其次，采用"解构——分析——综合"的分析方法，根据环境治理绩效的差别，将清水江流域水污染治理过程分解为三个阶段①："自发合作治理"阶段（2000—2005）、"整顿关闭"阶段（2005—2008）、"整合推进"阶段（2009年至今），进而通过利用查阅相关文献、实地调研和访谈中获得的资料对该区域2000—2012年期间的一系列特定事件进行"深描"，将"锰三角"清水江流域历时12年的水污染曲折治理演进过程完整呈现出来，力图展现清水江流域水污染治理由"久治不愈"到"成效显著"的发展历程以及各个核心行动主体在该历时性"场域"中演绎的真实故事；最后，应用公共管理相关理论深入探析影响治理绩效的关键因素以及运作困境背后深层次的原因，为下一章对比分析影响清水江流域水污染治理中各个的因素及其运作逻辑、方式提供理论铺垫。

　　本章的具体内容分为5个小节：第一小节是概述部分，介绍清水江流域水污染治理的缘起；第二、第三、第四小节分别从清水江流域水污染治理过程的"自发治理"—"整顿关闭"—"整合推进"三个阶段，来阐释在该地区环境

---

　　① 此处的划分依据是：2005年8月之前，清水江流域水污染问题没有得到中央政府的重视，整体上是一种粗放型的治理方式，主要以民间政治力量和非政府组织的呼吁及推动为主，地方政府间自发协作治理为辅，环境治理陷入集体行动的一维困境；2005年8月以后，中央政府加以重视，但是以"运动式"治理方式为主，水污染问题治理取得了一定的成效，但不具有稳定性；2009年以后，在多种力量和因素的共同作用下，清水江流域水污染合作治理机制开始逐步形成，该流域水污染治理开始取得稳定的治理绩效。具体内容见本文的详细阐述。

治理过程中各个行动者之间的集体行动的困境是如何产生的，并通过什么样的方式来逐渐突破区域环境治理中集体行动困境的？三节内容层层递进，首先纵向提炼出清水江流域水污染治理实践过程中的代表性事件，再横向对具体事件中行动者之间的策略选择进行详细的叙述和分析，来展现清水江流域水污染环境治理绩效的动态实现过程；最后一小节对本章的研究内容进行简要总结。

一、清水江流域水污染治理的缘起

（一）清水江概况

清水江是一条位于位于湘渝黔三省交界处的界河，主要指湖南省湘西土家族苗族自治州花垣县（以下简称花垣县）、贵州省铜仁地区松桃苗族自治县（以下简称松桃县）和重庆市秀山土家族苗族自治县（以下简称秀山县），清水江两岸聚居着 10 余个民族，总面积近 7000 平方公里，人口逾 160 万。

（二）清水江流域水污染治理的缘起——锰矿无序开发致使水污染严重

清水江流域是我国锰矿、锰锌矿资源丰富，已探明储量 1.5 亿吨以上。其中，秀山县已探明的锰矿石资源储量为 5000 万吨，居国内之首，享有"东方锰都"之誉①。该区域锰矿行业发展起步于 20 世纪 90 年代后期，随着国内外电解锰产品行情看涨，电解锰的原材料——锰矿石从每吨 40 多元上升到每吨 400 元至 500 元，"猛（锰）发财，发锰财"的口号响遍"锰三角"地区。从 2000 年开始，"锰三角"境内涌现出了近千家大大小小的涉矿企业和选矿作坊，"锰三角"也迅速发展成了国内产量最大、企业分布最密集的电解锰生产基

---

① 以 2005 年为例，我国电解锰产量共 55.64 万吨，其中"锰三角"的产量就达 43.67 万吨，即占 78.55%，可见"锰三角"地区产能在我国锰矿业开发中的比例，由于这一地区锰矿、锰锌矿资源丰富，已探明储量 1.5 亿吨以上。其中，秀山县已探明的锰矿石资源储量为 5000 万吨，居国内之首，享有"东方锰都"之誉；花垣县的锰矿石储量约 4500 万吨，仅次于重庆秀山，居全国第二位；松桃县的锰矿储量与湖南花垣相差不多，因此，该区域被称为"锰三角"。目前，"锰三角"现已形成每年开采锰矿石 500 万吨，生产电解金属锰 46 万吨的规模，该区域亦是当前我国最大的锰矿石和电解锰生产基地，其电解金属锰占世界总量的 40%–50%。

地①。但是，伴随着锰矿资源的开发，三县交界的清水江受到严重污染，大量工业废水未经处理直排入清水江，大量废渣也经常被雨水冲入河中，清水江变成"黑水河"，最严重时蘸上毛笔就可以在纸上直接写字②，锰渣污染致使河里鱼虾绝迹，清水江两岸近 40 多万群众饮水困难，人们洗澡后怪病百出，饮用后患癌症、胆结石、肾结石等疾病的人明显增多，许多人只能到几公里外用车拉肩挑饮用水或者到清水江对面的洪安镇花钱买井水，清水江沿岸农田浇水后稻谷空壳增多，粮食减产，许多农民不得不改种旱地③。

"说实在话，那时候随便数一下，光茶峒镇（2003 年后改为边城镇，简写 BCZ）上得结石病的人都有几百个，得癌症的人也不少。"④

"矿主野蛮开采，矿渣、污水直接倒入江中，采矿的爆炸声、噪音太大，孩子放学后写作业，都要用纸团或棉絮塞住耳朵，晚上家里的鸡鸭被偷也听不见叫声，我们在屋里连出气都困难，学校都停课了，不少人家把小孩子送到外出打工的父母那里，或者是亲戚家……"⑤

"那时候，连自来水都是黑的，河里螃蟹的背壳都是漆黑的，河里的鱼都快死光了……到江里洗完澡后，身上会出现一些红点子（红疮），到医院去检查，医生也没见过这种疮，不好开药，一到发作，这些疮就痒得叫人无法忍受，用手去抓，往往抓得血肉模糊……"⑥

（三）清水江流域水污染治理中的主体

清水江流域水污染问题是一个典型涉及多个行政管辖区的公共问题，在

---

① 电解锰生产过程中产生的危害主要分为以下情形：（1）废水废气污染，主要是生产过程中的锰离子、铬离子造成的粉尘污染，对人体和农作物危害极大；（2）锰渣污染，电解锰的生产形成的是一种呈液态状的锰渣，含有大量的六价铬、锰离子、高锰酸盐离子、硒离子，这些金属离子均造成的污染属于重金属污染，对人体危害极大，表现为：皮肤溃烂、毛发缺损、四肢麻木、协调能力减弱，四肢知觉缺失及瘫痪等疾病。

② 张志强，，欧阳洪亮。中国"锰三角"猛回头［N］.新浪首页—新闻中心—国内新闻.

③ 武卫政：从"猛发财"到"稳发财"——湘黔渝交界"锰三角"环境综合整治见闻［N］.人民日报，2009 年 4 月 23 日，第 001 版.

④ 阳敏：剧毒水污染的民间解决［Z］.南风窗，2005 年第 7 期（上）：46—51.

⑤ 李星辰，夏一仁："锰都"调查［J］.中国经济周刊，2005（3）：12—19.

⑥ 访谈记录 BCZ—01.

这样一个近似"三不管"地带,能够作为环境治理行动者的主体有这样几种。

第一类是基层自治性组织,在我国,街道委员会、行政村或村委会是其最基本的一种组织方式,一般村民或者公众遇到这些问题,都首先找这些组织进行反映,由这些组织出面解决。

第二类是作为地方一级政权的乡政府、县政府和省政府[①],这类主体在区域环境治理这类公共问题上,一般会倾向于忽视或转嫁环境治理成本,最大限度地保护和扶持地方经济发展,进而谋求本乡、本县、本省的经济和政治利益。

第三类是中央政府,作为区域公共问题的治理主体,它与地方政府面临的困境有着根本的差异,其所倡导或制定的环境政策是为了实现环境政策的公共价值,能够尽可能满足区域内各类群体的环境价值追求。

第四类是公众,他们是清水江流域水污染的直接受害者,有着保护环境的坚决信心。

第五类是社会组织,如媒体、环保 NGO 组织和科研机构等社会力量的参与,在清水江流域水污染治理过程中,由清水江沿岸干部自发组成的民间组织"保卫母亲河组织"也得以生成,并起到了积极作用。

接下来,本研究将具体分析在 2000 年至 2012 年,清水江流域水污染治理过程中,这些环境治理的行动者是如何出场,以及在承担环境治理者角色时因哪些环节的问题而不能有效地承担区域环境治理者的职责[②],以致出现了环境治理的"一维困境"和"二维困境",并在什么样的条件约束之下协调一致,逐渐突破"合作治理困境",实现环境治理的绩效。

二、"自发合作治理"过程及其环境治理绩效(2000—2005 年)

(一)"自发合作"阶段行动者的行为与治理过程

从 2000 年以后,清水江沿岸民众发现江水受到的污染越来越严重,出现

---

① 由于在区域公共问题治理过程中,这几种政权形式作为治理主体往往面临的困境大致相同,因此本研究将之归于一类来进行探讨。

② 刘亚平,颜昌武:区域公共事务的治理逻辑:以清水江治理为例 [J].中山大学学报(社会科学版),2006,46(4):94—98.

了"水不能喝""菜不能洗""澡不能洗""鱼虾绝迹""稻田减产"等问题，开始通过正常渠道到街道办事处、村委会以及相关政府部门上访来寻求解决办法。

1. 村委会、街道办的行为

首先，许多群众开始到村委会反映问题，清水江两岸 40 余个行政村及居委会干部想了各种办法，也通过不同的渠道到秀山县、花垣县、松桃县来反映，但是效果甚微。

"自 2002 年开始，我们在政协会议上年年提建议案，个人也提，联合也提，但问题还是不能解决……"[1]

"那个时候，在我们权限内，该讲的讲了，该办的办了，实在没有什么办法了……镇政府就在我们村前面，天天去磨他们，他们也不愿意，镇里领导说又不是他们排放的，光找他们闹不行，要闹的话，去县里，要闹就闹大……"[2]

"要解决清水江污染的问题，要么是中央，要么是民间"[3]

2. 中央政府的行为

2003 年初，由花垣县边城镇政府主持，清水江沿岸居民以"受污染群众"的名义给中央政府和环保部门去信反映清水江的污染情况，要求进行督导检查。不久，国家环保总局派出一名官员到清水江一带视察，当时边城镇隘门村村主任华如启等 5 人以群众代表的身份参与了座谈，并提出"还清水江清白，及沿江两岸人民良好的生产生活氛围"的诉求。但是，"这些厂子（指矿厂）在环保总局官员到达前半个月就停产了，不但停产了，就连厂区里里外外都打扫得干干净净，很显然，有人走漏了风声"[4]。因此，中央政府此次的现场视察成效甚微，清水江污染问题仍然是久治不愈。

---

① 阳敏：剧毒水污染的民间解决［Z］.南风窗，2005 年第 7 期（上），46—51.
② 访谈记录 BCZ—01.
③ 阳敏：剧毒水污染的民间解决［J］.南风窗，2005 年第 7 期（上），46—51.
④ 同上.

3. 地方政府的行为和策略

（1）锰矿业开发带来快速的经济发展

在 2000 年前，重庆秀山县、湖南花垣县、贵州松桃县都属于少数民族自治县和国家贫困县的行列[①]。但是随着该地区锰矿、锰锌矿等资源的大量开采快速拉动了该地区的经济发展，2000—2005 年期间，花垣县、秀山、松桃三县的锰矿业提供税收占全县 GDP 的比例均在 50% 以上；具体统计数据如下：

2004 年，花垣县被评为全国经济增长速度最快的百强县，位居第 27 位，与此同时，也成为湖南省经济强县；松桃县的财政收入由 2003 年的 5600 万增长到 2004 年的 9300 万，松桃县亦借锰矿开采由国家级贫困县和铜仁地区末位县进入了铜仁地区经济较为发达的县[②]；秀山县 2004 当年的财政收入增幅高达 200%，秀山县亦凭借锰矿开采要打造"武陵之心、边际示范"以及"五个秀山"的目标，以"秀山的决心"引领全县经济社会的发展[③]。

2005 年，花垣县锰矿业提供税收占全县 GDP 的 45.75%；松桃县的锰行业的产值占全县 GDP 的 80%，财政收入的 50% 以上；秀山县 2005 年锰矿业提供税收占全县 GDP 的 59.4%[④]。

"一个小锰钼厂，每年可以给政府上交约 4000 万元的税收及各种费用，另每提炼一吨再上交乡（镇）政府 1 万元。一名钼矿主说，当地乡政府规定凡采矿必须交 7500 元来办许可证，而且洗出来的钼矿必须卖给乡政府。一吨 18 个品位的钼矿石，如果卖给外地来收购的人，可得 6 万多元，但卖给乡政府就只能得 4.8 万元，这些矿产业成为"锰三角"地带的经济命脉，给地方政府带来了巨额的财政收入"[⑤]。

---

① 在 2000 年之前，秀山、花垣、松桃三县均为国家级贫困县和少数民族比较集中的县（苗族、土家族为主）。

② 符云亮：重现山清水秀的美丽家园——花垣县歼灭"黑锰三角"之战纪实［J］.民族论坛（理论版），2011 年第 10 期，第 60 页.

③ 麻金权，唐锋：从"锰三角"治污成效拷问"锰三角"［J］.中共铜仁地委党校学报，2010（4）：32—35.

④ 曾梦宇：湘渝黔边区"锰三角"发展的思考［J］.沿海企业与科技，2006（9）：81—83.

⑤ 阳敏：剧毒水污染的民间解决［J］.南风窗，2005 年第 7 期（上），46—51.

（2）政府和企业间特殊的利益纽带使得地方政府不能有效治理排污企业

在获取巨额经济收入的同时，面对清水江沿岸居民日益高涨的治理污染的呼声，地方政府则通过各种禁令将治理责任转移到矿厂，强制要求工厂实施污水治理。但是由于地方政府和锰矿企业间特殊的利益纽带，即使通过禁令措施将责任转移到矿厂，在地方政府的利润趋使下，禁令也而形同虚设。在追求经济政绩的大制度背景下，矿主们的利益与地方政府的利益在某种程度上是一致的，致使地方政府颁布的禁令失效。以花垣县为例，在2004 年，花垣县长在政府工作报告中就专门提到，该县八家锰矿企业积极投身教育和公益事业，为边城高级中学、城镇建设等捐资 2000 多万元，所以不难理解，为什么对他们的污染行为，地方政府并不积极地采取措施①。

（3）区域分割体制的限制却使得该区域环境治理陷入"两难境地"

由于行政区划和管理边界的限制，地方政府也不能在所有的利益相关者之间分配治理成本，而只能在自己的管辖区内分配成本。这样带来的问题就是，区域环境治理的措施成为一种公共产品，一旦提供出来，就会为没有付出成本的人无差别享有——所以三县地方政府都没有动力去承担相应的成本。而且，这是一种近似"囚犯困境"的集体行动格局，如果某个地方因为要保护环境而采取强制措施，这些矿厂就会迁移往其它地方，利润也就随之流往其它地方，以致出现"管得越严，厂子跑得越多"的情形。例如：

2004 年 7 月，H 县地方政府领导对清水江上游的万吨级电解锰厂进行视察后认为工厂处理污水的设备并不能将剧毒致癌物质六价铬还原达标，因此给该矿厂定下在 2004 年 9 月份之前污水处理的最后期限，可是没过多久这家企业竟然搬到河对岸去了，而且成了上游企业②。

2004 年 11 月 10 日，花垣县某县长和村民代表一道去上述地段了解电解锰厂的排污情况时，县长都只是站在虎渡口大桥上看贵州木树乡的那两个厂子，而不敢越过贵州地界去实地查看③。

---

① 刘亚平，颜昌武：区域公共事务的治理逻辑：以清水江治理为例［J］.中山大学学报（社会科学版），2006（4）：94—98.

② 阳敏：剧毒水污染的"民间解决"［J］，南风窗，2005 年第 7 期（上），46—51.

③ 刘亚平，颜昌武：区域公共事务的治理逻辑：以清水江治理为例［J］.中山大学学报（社会科学版），2006（4）：94—98.

"大概 2003 年 6、7 月的时候，当时，我们这里闹得厉害，一次，一些人整整在政府闹了一天，搞得很紧张，县里整整开了一天会，讨论怎么弄。后来县里没有办法，只好第二天把我们这里的几个先给关了，下午又去松桃那里交涉，它们的几个也给先停产整顿了……，我们的这几个关的时间长一些，他们的那几个没几天又生产了……"①

"排放了多少，大家都不知道？那里（指清水江）当时也没有监测站，排多排少大家心里都没有底……"②

"虽然都是一个地方的，但人家不归我们管，你去说了一次，人家可能还招呼一下，可是去的次数多了，大家的态度都很差……，你找我们反映问题，我们找谁反映问题……，难道你们（的企业）没有排放？……"③

4. 村民的自发行为和策略调整

历经几年漫长的维权活动，面对村委会协调乏力和地方政府协作的低效以及上级政府和中央政府介入方式的被动性，清水江沿岸的基层干部深知唯有底层民间社会的团结一致，才能真正有力量，也给民众自发的"反污"行为带来了些许新气象，希望通过成立民间环保组织的方式来促使该区域污染得到有效治理。

（1）成立草根环保组织——"拯救母亲河行动小组"

2004 年 11 月，在边城镇隘口村村主任华如启的积极奔走与呼吁下，由边区沿江两岸 40 多个行政村干部及街道的主任、支部书记组成了"拯救母亲河行动小组"，隘口村村主任华如启任组长④。

2004 年 11 月 6 日，"拯救母亲河行动小组"再次到花垣县政府反映情况。第二天，花垣县一位副县长与华如启带领的"拯救母亲河行动小组"其他成员一道，再次对清水江湖岸的污染情况进行实地摸底和考察，当天关闭了 4 家电解锰厂。

2004 年 11 月 9 日，华如启等"拯救母亲河行动小组"成员马不停蹄，继

---

① 访谈记录 HY—01.

② 访谈记录 XS—01.

③ 访谈记录 XS—01.

④ 石林晖：村官华如启誓死保卫母亲河 [J].民族论坛，2006（10）：58—59.

续一路西行，来到贵州省松桃县政府交涉污染问题。迫于群众压力，第二天松桃县环保局以排污设施不全为由，关闭了2家锰矿污染厂，然而，半个月后，那两个厂子又开始生产了。

2005年5月14日，华如启又起草了《清水江沿江两岸基层干部辞职报告》。沿江两岸，二省一市边区的40余个村、居委会干部陆续赶到边城镇隘门村，在这份《辞职报告》上郑重盖章签字——沿江两岸基层干部集体辞职。很显然，他们希望借此行动，进一步引起中央政府和社会的关注从而真实了解"清水江"污染的状况，进而采取措施解决清水江污染问题。

（2）民众自发砸厂

面对日益严重的污染问题，在多次上访和申诉无效之后，在民怨一再累积的情况下，清水江沿岸村民最终进行了一系列"自发砸厂"的举动，希望引起上级政府和中央政府的重视。

"2005年4月22日，秀山县贵邓村和花垣县太平乡、矮车坝等乡镇的村民集合千余人，将当地产生剧毒烟雾的钒厂砸了。"[①]

"2005年5月9日，花垣县茶峒镇上潮水、下潮水和磨老三个村的几百名村民，砸了该县猫儿乡200多家选钼矿的厂子，砸厂那天，有村民到各家鸣锣喊人，说是谁家如果不去人，今后死人倒房子都没人管……"[②]

（3）寻求媒体支持和报道

面对政府协调不力，自身抗争乏力情形，公众开始寻求各类媒体来报道，希望由此来推动该区域问题得到有效解决。

2005年5月，"拯救母亲河组织"负责人华如启通过个人途径，邀请一些媒体到边城镇进行采访，实地了解该地区的环境污染状况，希望得到媒体的报道和支持来推动清水江污染问题得到有效重视。

2005年5月14日，清水江沿岸40余村及街道的主任及支部书记组成"两省一市边区拯救母亲河行动代表小组"，积极酝酿了一场"为民请命"的严重政治运动，几十个行政村的村干部签署了一份集体辞职的报告，决定采取"全面辞职"

---

① 阳敏：剧毒水污染的"民间解决"[J].南风窗，2005年第7期（上），46—51.
② 阳敏：剧毒水污染的"民间解决"[J].南风窗，2005年第7期（上），46—51.

的方案，使当地农村基层政权陷入瘫痪，希望借此引起政府和社会关注 ①。

2005 年 7 月 1 日，一篇名为《剧毒水污染的"民间解决"》的文章出现在《南风窗》杂志上，一石击起千层浪。随后，中央电视台，上海电视台、《凤凰周刊》《南方周末》、《中国经济周刊》、《东方早报》等多家媒体也相继到"锰三角"地区进行采访，实地了解情况，并先后发表了多篇文章，介绍该地区的环境污染情况，"锰三角"清水江流域污染情况开始受到全国范围内的重视，最终引起了中央高层的注意，才将"锰三角"清水江流域环境污染治理推进到第二个阶段。

2005 年 8 月 6 日，胡锦涛主席在中央政策研究室编辑的内参——《简报》第 284 期《"锰三角"污染问题亟待解决》一文上批示说："环保总局要深入调查研究，提出治理方案，协调三省、市联合行动，共同治理。"

（二）"自发合作"阶段区域环境治理绩效——集体行动的"一维困境"

1. "自发合作"治理过程中清水江流域环境治理绩效

从前文的分析中看出，在"锰三角"清水江流域环境治理的第一个阶段——"自发治理"过程中（2000—2005 年 7 月），尽管该区域群众多次上访、给中央政府写信、村干部集体辞职甚至是发生群众"自发砸厂"等事件，但是由于中央政府的缺位以及地方政府间合作治理机制的缺失，区域环境治理陷入了集体行动的"一维困境"。

2. "自发合作"治理过程中环境治理"一维困境"的生成机理

在"自发治理"过程中（2000——2005 年 7 月），清水江流域环境治理中地方政府间合作治理困境的形成可分为以下几个阶段。

（1）电解锰市场价格持续走高，引起"锰三角"地区锰矿资源的无序开发，地方政府间相互竞争，以邻为壑，致使区域环境急剧恶化。

（2）锰渣废水污染严重，致使三县界河——清水江污染严重，引发群众

---

① 转引刘亚平，颜昌武：区域公共事务的治理逻辑：以清水江治理为例 [J]．中山大学学报（社会科学版），2006（4）：94—98．阳敏：险棋：沿江四十余村基层干部"全面辞职"[N]．东方早报，2005 年 5 月．

上访；

（3）村委会出面协调治理无效。

（4）中央政府被动参与，派人督导，无治理绩效。

（5）草根组织"保卫母亲河"组织实施沿江40余村干部"罢官方案"，仍然不能引起政府重视，治理无效；

（6）大规模群体性事件爆发。可用以下图来解析，见图3-1所示。

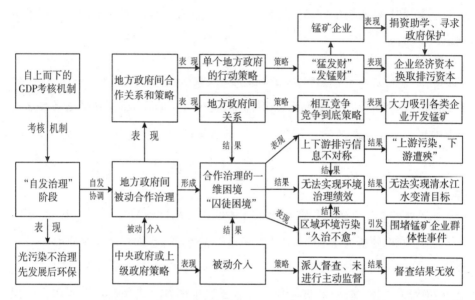

图3-1 "自发治理"过程中清水江水污染治理"一维困境"的生成

（三）"自发合作"阶段区域环境治理"一维困境"的原因解析

通过清水江流域水污染治理的第一个阶段——"自发治理"过程的分析可以看出，在"自发治理"过程中（2000—2005年7月），能够作为环境治理的各个行动者基本都参与其中，但是仍然没有取得一定的环境治理效果，而遭遇到了村委会、街道办协调、地方政府间协调、中央政府介入、环保组织推动参与治理绩效不显著的重重困境[①]，直到大量媒体的报道，引起中央的关

---

① 不可否认，正是由于以上各个主体的相互推动，才促使"锰三角"区域环境在后面两个阶段得以深入推进。它们既是"自发治理阶段"治理无绩效需要重点分析的对象，也是"锰三角"区域环境最终取得治理效果的重要推动因素。

注才使得问题出现了转机。本研究认为造成"自发治理"过程中各个行动者集体行动困境的原因在于以下几个方面。

1. 地方政府在区域环境治理中价值和理念的碎片化——强地方利益保护

根据斯蒂格勒的"最优分权理论"和特里西的"偏好鉴别理论"，作为中央政府的一级代理机构，地方政府在区域性公共产品供给中具有信息和执行能力上的优势。但是，在分税制以后，地方政府既是中央政府在行政辖区范围内的公共事务管理的代理者，又是行政辖区范围内公共利益的代表，因而它既要接受行政系统内部隶属上级部门的多重代理，又要接受行政系统外部所属辖区微观主体居民、企业、利益集团的共同代理，而委托主体的多元化的特点决定了地方政府目标具有多重性。例如，作为地方民众的委托人，地方政府要承担民众的公共利益诉求；作为中央政府在地方的派出机构，地方政府要承担中央政府在地方的各种利益诉求；作为地方政府官员的代言人，地方政府还要积极为地方政府官员自身谋福利。承担角色的多重性，决定了其利益目标函数的多元性。而不同利益本身的差别（例如，追求经济增长与维护政治稳定之间），也构成了对地方政府行为选择的不同激励。特别是流域上游的山区，企业数量很少，而且经济效益比较差，但却是当地居民就业和基本收入来源，地方政府的政绩和财政收入，都依赖这些企业的生产增长，甚至完全依赖当地少数几个污染大户企业的生产规模扩张。因此，地方政府的排污控制行为很容易受制于企业的经济利益、地方政府和企业的利益趋同，导致地方政府环境治理激励的动力不足，为了捕捉很可能成为地方政府政绩的潜在的制度利润，地方政府有带领辖区企业进行制度创新的强烈冲动，从而代表辖区企业成为主动创新并制定行动方案的"第一行动集团"，而上级政府则扮演立法者和执法者的"第二行动集团"与"第一集团"共同分配创新利润[①]。

古典政治经济学也认为，个体在任何情境下的策略选择都取决于他对该策略及其可能结果的理解和估量。在区域环境治理中，行为主体多样化带来

---

① 李军杰，钟君：中国地方政府经济行为分析——基于公共选择的视角［J］.中国工业经济 2004（4）：4—8.

利益取向的多元化，这使得各个利益主体间的利益取向存在差异。地方政府是各自行政区域利益主体的代言人，各有其独立的利益关照，地方政府都是从本地利益层面考虑和行使政策，而与邻近地区几乎没有沟通和协商。如果没有有效而相对公平的利益调节机制，各地方自然没有合作的意愿和动因。另外，地方政府对合作预期收益和成本存在认知差异。环境保护行为的正外部性有可能使环境绩效差的地方政府搭便车，管理力度强的地方政府因治理绩效无法达到最优而受到挫伤。因此，在进行区域环境协作治理时，每个地方政府对于合作的预期收益和付出的预期成本并不相同，地方政府建立策略性伙伴关系的效益如不能大于其所付出的交易成本，则政府间密切的协作关系难以形成[①]。

具体在该区域，一方面，松桃、秀山、花垣均属于国家贫困县和少数民族自治县，三县本身就具有强烈的发展经济的动机，而 2000 年以后电解锰价格的一路攀升，使得三县都加大了开发的力度，从资源开发中获得巨大的经济利益和政治利益，加之在行政隶属上特殊的地理区位，大家都存在"搭便车"的机会主义行为，从而使得地方政府在环境治理中表现出约束软化和激励缺失，导致"公共悖论"，即作为公共利益代表的地方政府和官员却恣意追求个人利益最大化，即便是区域内公众不断地上访和发生群体性事件。他们在环境监管中存在着"虚位""缺位"和"错位"等现象。

"对于一些地区，特别是经济落后地区来说，在'温饱'和'环保'"的问题上，基层干部对前者考虑得更多，所谓的'政府污染'，即当地政府支持、认可和默许的污染，政府既是污染允许者，又是管理者，治理自然困难……"[②]

"县里要大力开发资源，局里（此处是在某县环保局做的访谈）压力也很大，但是县里要开发，局里肯定得支持……，也就是 2005 年的时候，部里下了文件，环保部门在矿产开发上才有了发言权，但是环境问题比较复杂，有时候要联合好几个部门一起执法，光协调就得一两天，等你查的时候，早就

---

① 董少林：公共选择理论视角下地方政府利益研究［D］.复旦大学，2009，56页.
② 访谈记录 HY—01.

达标了……"①

2.地方政府间的资源依赖程度较弱

资源依赖理论认为组织间的依赖关系导致了组织的趋同，因为当组织间的关系越来越紧密的时候，尤其是当资源集中在某个组织的时候，不同的组织都必须和这个组织打交道，因此，组织间的联系、人员的交往、信息的交换就越来越多了，即不同组织间的结构越相似，组织间的对话就越容易②，资源的交换就更容易，反之，当组织之间的结构不接轨的时候，资源交换就会产生许多难以协调的困难③。从这个意义上来说，地方政府辖区业内的资源依赖结构将很大程度上决定地方政府间的合作行为能否顺利开展。

从当时的情形来看，秀山、松桃、花垣三县在当时锰矿业开发过程中的产业结构和布局存在着高度的重复建设问题，在 2005 年国家采取整顿强制整顿措施之前，三县的锰矿企业万吨以上的极少，大部门均为千吨左右的小矿山和锰粉加工厂，采矿设备简陋，基本属于粗放式的开采模式。并且，三县在产业结构上的趋同、产品结构均为电解锰类产品、产业聚集的程度较低的状况也造成了三县地方政府在环境合作治理过程中的合作态度和合作意愿较低。在调研中，一些环保局官员的话也表达出地方政府在合作过程中的态度。

"其实，在 2000 年前后，我们几个县经济上都差不多，都没有多少工业，又是少数民族地区，但是我们这里矿产多，靠山吃山、靠水吃水，大家都在搞矿产开发，开多开少都是自己说了算，你去找人家说你们的企业排污使得水污染了，人家怎么理解？你这不是来限制我们发展吗……，那么，难道你们的企业没有排？你找我们，我们该找谁去？……"④

"这个事情，当时我们是很想和他们（松桃）进行接触和沟通的，可是怎么沟通？如何进行协调，都需要方方面面的东西，你不能说你去了，人家就

---

① 访谈记录 XS—01.
② 周雪光：组织社会学十讲［M］.北京：社会科学文献出版社，2003 年版，第 74 页.
③ 马迎贤：资源依赖理论的发展和贡献评析［J］.甘肃社会科学 2005（1）：116—119.
④ 访谈记录 XS—01.

答应你，把这个事好好做一下。其实，说实话，又不是政府在排（污水）……，前后其实沟通次数不少，但是效果不大，你说人家排了，人家也说你也排了，关键是他们在上头，我们在下头。大家的产业基本都是矿业，开采、过筛肯定有污染。那时候，场子规模都不大，私人老板多，你去查的时候就停产了，不查的时候就抓紧生产……"①

3. 缺乏政治权威的持续关注

从科层制理论来看，自上而下的政治权威是保持政令畅通和政策得以贯彻实施的重要条件（文丰安，2011）②，亦是实现政府环境政策中公共价值的重要路径。而区域环境治理是一个涉及多个行政区域内的地方政府有效协调的问题，它的实现过程离不开上级政府和中央政府的介入和调节，在一定程度上来说，上级政府介入的程度和该区域环境治理效果呈正向相关的关系。

从"自发治理"过程中上级政府的参与程度来看，中央政府是在该区域民众以"受污染群众"的名义发出请求以后才派人去了解情况，参与过程比较被动，且做法单一，只是去做个访谈了解了一下解情况，之后便没有下文。因此，上级权威的被动参与和关注度低也是直接导致2005该区域大规模的群体性事件爆发，甚至引发了清水江沿岸40多个行政村干部"集体辞职"行动的重要原因，使得地方政府陷入了"合法性"危机的困境。

4. 地方政府间关系质量程度低——少合法性的认同

在区域环境治理中，地方政府间的合作治理行为涉及多个主体间的关系，它能否顺利进行，并保持持续性的合作状态，在一定意义上取决于参与合作的各方对合作行为、合作的目标、合作的内容以及合作的形式能否建立一种合法性的认同③。"这种合法性认同是一个包括法律制度在内的文化制度、观念制度、社会期待等制度环境对某种合作行为的认可。"④

---

① 访谈记录 XS—02.

② 文丰安：生态治理视阈下中央与地方政府间科层协调研究［J］.中国特色社会主义研究，2011（4）：87—92.

③ 蔡岚：缓解地方政府间合作困境的路径研究——以长株潭两次公交一体化为例［D］.中山大学，2011年，61页.

④ 周雪光：组织社会学十讲［M］.北京：社会科学文献出版社，2003年版，第74页.

依据制度学派对"合法性"认同的概念，组织对合作行为的合法性是否认同，主要取决于宏观制度的结构，即由组织面对的两种不同的环境——技术环境和制度环境来决定。这两种环境对组织的要求是不一样的，技术环境要求组织合作要有效率，即按照利益最大化原则进行生产和合作；制度环境则要求组织或个人不断地接受和采纳社会认可的、赞许的方式、做法进行合作，如果组织或个人的行为违背了这些形式，就会出现"合法性"危机，这些组织就有可能退出或者抵制合作的开展（马伊里，2008）[①]。

所以，在流域水污染问题治理过程中，地方政府间合作治理的合法性认同可以理解为参与合作的各个地方政府依据现有宏观制度安排而对其合作行为作出的一种合适性的判断，以及各个参与方对合作治理行为的态度和认可，如果现行制度没有给各个参与方提供相应的制度支持，参与各方也不认可这种合作行为，就会产生合作困境。因此，在流域水污染问题治理上，地方政府是绝对的主体，地方政府会首先考虑合作治理行为是否能够得到现有制度安排的认可和激励，这是决定合作能否开展的前提条件。其次，地方政府间的合作治理行为还涉及是否有利于地方政府官员的晋升、是否会促进地方 GDP 的发展、地方财政是否允许、合作收益如何分配、合作成本如何分摊等因素，如果参与的各个地方政府都认为合作治理是当前"必要的""可能的""合适的"，那么参与各方就会相互信任、积极沟通，地方政府间的合作治理行为就获得了地方政府间认同，合作治理行为就会积极推进并实施。相反，如果各个地方政府无法认同合作治理行为的"合理性"，或者"收益小于成本"，就会使得合作治理行为陷于"合法性困境"，合作治理也会治理困境。

因此，在"自发治理"阶段，秀山、花垣、松桃三县地方政府间的合作显然缺乏"合法性"的认同，以及合作收益不明确、相互竞争的合作态度，致使地方政府间关系质量的程度很低，即便是群众不停地上访，三县政府间主动寻求区域环境得到有效治理的意愿、态度都很低，即便是那些试图通过沟通进行合作治理的努力，既不被单个地方政府所认可，又不被清水江流域

---

① 马伊里：合作困境的组织社会学分析［M］.上海：上海人民出版社，2008 年版，第 85 页.

的群众所认可，致使后续爆发多次的大规模群体性事件。

三、"整顿关闭"治理过程及其环境治理绩效（2005—2008 年）

（一）"整顿关闭"阶段行动者的行为与治理过程

清水江流域水污染问题引发的大规模"暴力维权"行动、"集体罢官"事件以及各类媒体对该地区环境污染的持续关注，通过一系列行动使得事态的严重性扩大，各种政治和社会压力随之而来，锰渣污染问题终于"引起了高层决策者的关注"①。为了有效实现水污染治理目标，2005 年 8 月 20 日，原国家环保总局提出了争取用三年的时间解决'锰三角'地区环境污染问题的目标，围绕这个目标出台了一系列政策法规并制定了详尽的三年规划，见表 3-1 所示。

表 3-1　2005-2008 年中央政府治理"锰三角"地区环境污染的文件列表

实施日期	法律、法规或者项目	实施部门
2005 年	《湘黔渝三省市交界地区锰污染整治方案》	原国家环保总局
2005 年	《湘黔渝三省市交界地区电解锰行业污染整治验收要求》	原国家环保总局
2006 年 3 月	原环保总局和监察部将"锰三角"区域污染整治工作列为 2006 年首批挂牌督办的案件	原国家环保总局、监察部
2006 年	《电解金属锰企业行业准入条件》	国家发改委
2005-2007 年	中央财政对"锰三角"地区环境执法能力建设资金给予大力补助，累计投入 3138.6 万元	财政部
2007 年	《电解金属锰行业清洁生产标准》	原国家环保总局
2007 年	"倒计时分时段整治计划"	原国家环保总局
2008 年	《电解金属锰企业行业准入条件》修订稿	国家发改委
2008 年	《"锰三角"环境评估及跨界环境污染防治综合对策项目》	原国家环保总局、国家科技部

资料来源：环境保护部、财政部等部门制定的有关"锰三角"地区清水江流域水污染问题环境治理的公开资料整理。

---

① 2005 年 8 月 6 日，胡锦涛主席在中央政策研究室编辑的内参——《简报》第 284 期《"锰三角"污染问题亟待解决》一文上批示说："环保总局要深入调查研究，提出治理方案，协调三省、市联合行动，共同治理。"

1. 中央政府的行为和策略——积极重视，实施运动式的"环保风暴"

（1）派遣高级别官员实地督查

2005年8月7日，国家环保总局成立了以环境监察局局长陆新元为组长的调查组奔赴"锰三角"现场，开始对"锰三角"展开环保督促和核查。

2005年8月20日，原国家环保总局提出了"争取用三年的时间解决'锰三角'地区环境污染问题"的目标，准备实施《湘黔渝三省市交界地区锰污染整治方案》。

（2）召开现场协调会，要求三县地方政府进行有效沟通协作，掀起环保风暴

2005年9月16日，国家环保总局副局长祝光耀亲自率督查组抵"锰三角"进行督查，并于次日在湖南省花垣县召开了有两省一市分管环境的副省长和副市长参加的整治大会，环境整治风暴升级①。在会上，祝光耀提出了四个"必须到位"：关停必须到位，整治措施必须到位，验收把关必须到位，严防污染转移工作必须到位。并要求"锰三角"涉及的贵州松桃、湖南花垣、重庆秀山三个县要"保持高压，强化监管，该关的关，该停的停，绝不姑息手软，实现污染源达标排放和省际交界断面水环境质量稳定双达标"。

（3）实施了两次大规模治理行动

2005年8月8日至11日，国家环保调查组深入现场查看了花垣、松桃、秀山三县的40余家电解锰生产企业、7个河流断面，监测了36个水样（当时清水江7个断面水质总锰和氨氮全部超过《地表水环境质量标准》Ⅲ类标准几十倍）。在深入调查研究的基础上，调查组协调交界地区的省环保部门、地方政府于8月11日共同制定了《湖南、贵州、重庆三省（市）交界地区锰污染整治方案》（以下简称《整治方案》）和《湖南、贵州、重庆三省（市）交界地区电解锰行业污染整治验收要求》（以下简称《整治验收要求》）。该方案提出了具体的整治范围、内容和时限，特别强调"锰三角"的所有涉锰企业开展为期4个多月的集中重点整治②，要求不符合国家工业污水排放标准的锰矿大中小

---

① 沙兆华，蒋业丹："锰三角"坚决整治锰污染［N］.中国环境报，2006年6月29日，第002版.

② 武卫政：从"猛发财"到"稳发财"——湘黔渝交界"锰三角"环境综合整治见闻［N］.人民日报，2009年4月23日，001版.

企业矿井立即停产整顿，到 2005 年年底仍达不到要求的一律实行关闭。

2006 年 3 月，国家发展和改革委员会下发了《电解金属锰企业行业准入条件》，2007 年原国家环保总局下发了《电解金属锰行业清洁生产标准》，2008 年，国家发改委又正式下发了《电解金属锰企业行业准入条件》修订稿，在这三份文件的要求下，"锰三角"地区锰污染治理升级，对区域内所有锰矿企业又启动了"倒计时分时段整治计划"。要求"锰三角"地区所有涉锰企业、矿山，如果达不到国家的生产标准和准入条件，一律关闭、停产和整顿。

（4）将"锰三角"区域环境治理列入挂牌督办案件

2006 年 3 月，国家环保总局、监察部将"锰三角"区域污染整治任务列为 2006 年环保总局首批挂牌督办案件[①]。

（5）专项资金投入，提升环境监测水平

2005 年至 2007 年，针对该地区环境监测部门设备、技术存在的问题，在环保总局的申请下，中央财政对"锰三角"地区环境执法能力建设资金给予大力补助，累计投入 3138.6 万元，用于集中更换水质检测设备。

2. 两省一市省级政府和环境部门行为——全力支持

（1）积极重视，掀起"铁腕治理行动"[②]

2005 年 9 月 16 日，在两省一市"锰三角"治理协调会上，湖南、贵州、重庆 3 省（市）有关领导，"锰三角"地区州、市、县政府及有关部门负责人，部分企业代表参加了会议。湖南省副省长郑茂清、重庆市副市长赵公卿和贵州省副省长肖永安分别在会上发言，表示全力支持关闭行动（此项活动后来也被媒体称为"铁腕行动"）[③]。

（2）积极派人督查，落实减排考核制度

与此同时，环境保护部先后 10 多次进行现场督察，监察部、财政部和发改委挂牌督办，三省市党委、政府领导 27 次赴现场督察，要求"锰三角"地

---

① 2008 年原国家环保总局正式升格为国家环境保护部.

② 周知新：三省市铁腕整治"锰三角"污染——交界区域环境质量明显改善［N］中国环境报，2006 年 12 月，第 1 版.

③ 周知新：三省市铁腕整治"锰三角"污染——交界区域环境质量明显改善［N］中国环境报，2006 年 12 月，第 1 版.

区所有锰矿企业，如果达不到国家的生产标准和准入条件，一律关闭、停产和整顿，并开始落实企业生产达标制度和减排考核制度。

3. 地方政府的行为和策略

现实的问题是以上中央政府或者省级政府层面出台的各种形式的政策和整治方案会不会在地方政府层面得到贯彻执行？中央政府部门牵头制定的"三年内解决'锰三角'地区环境污染问题"的政策目标是否能够实现？在中央部门强力介入之下，"锰三角"地区的地方政府及其管理部门人员将如何运用制度所赋予他们的权力对区域内不符合《湘黔渝三省（市）交界地区锰污染整治方案》和《湘黔渝三省市交界地区电解锰行业污染整治验收要求》要求的锰矿企业、矿山进行整顿关闭？并且，在中央政府的干预下，"锰三角"地区的地方政府能否借此机会达成有效的合作治理机制，使得清水江沿岸民众所要求的"江水变清"的目标得到彻底实现？以此来实现国家层面环境政策中的公共价值。以执行的现实情况来看，可以有以下认识。

（1）积极支持以《整治方案》和《验收要求》的整顿行动

由于上级政府"整顿关闭"通知下达得突然，以及环保核查组的现场蹲点督查，这一阶段的"整顿关闭"进行得十分迅速，落实得也比较快，在为期4个月的整顿关闭过程中，三县按照《整治方案》和《整治验收要求》，一共关闭了锰矿企业、矿山、锰粉厂约100多家，占锰矿矿山、矿企总量的1/3，整个关闭过程不存在地方政府之间、地方政府和中央政府间的持续博弈过程，通过对X县和H县一些政府部门的访谈，我们得到了我们获知其中的原因。

"我们的锰矿开发是2001才开始的，当时大家都在搞锰矿开发，要晚于他们（松桃和花垣），我们的企业（锰矿企业）数量上要少于他们的，在那次整顿过程中，我们关闭了很多的企业（锰粉厂），基本上关了一半左右……"[1]

"那次整顿，我们县整顿关闭锰矿企业、作坊、矿山近30家，之前因为各种规模的都有，上面要求按照一定标准进行整顿关闭，我们也有了参照，

---

[1]　访谈记录 XS—01.

基本上那些确实环保措施太差的，有的根本就没环保设施的都给停了，那些大一些的，有能力整改的基本上都在整顿以后，达生产标准后恢复生产了……"①

"上级给我们的最后通牒是：2006年3月底前，必须完成当地政府承诺的整治方案要求，凡是达不到要求的企业必须关停，完不成清理整顿任务的要追究政府和有关部门行政责任；对造成重大环境污染事件的，依法追究刑事责任，大家谁也不敢掉以轻心……"②

通过以上内容可以发现，以整治方案和整治验收要求为依据的"整顿关闭"过程在地方上执行的比较彻底，根本原因在于三县所淘汰的电解锰企业和锰矿山都是一些在生产条件、产能和环保设备方面十分落后的企业，加之，中央政府和上级政府"摘帽子"的考核方式，使得这一次的锰矿企业整顿取得一定效果。但是，从2006年下半年起，以"生产能力"等为依据的"倒计时分时段""整治计划"在执行上就不再如此迅速了。

（2）变通执行以"整治计划"的整顿行动

根据整治计划要求，对年产3万吨以下的锰矿企业要全部进行关闭，但是在"锰三角"地区的所有锰矿企业中，年生产能力在3万吨以上（包括3万吨）的企业数量较少，也就是说如果机械地执行国家的关闭政策，三个县将会有50多处企业和矿山被关闭，占总体锰矿总数的80%。面对中央政府所提出的这样的政策，对于该地区生态恢复和资源整合具有很好的意义，但是实际过程中，秀山、花垣、松桃三县仅仅关闭了几家。为什么会出现如此的情况呢？通过对三县一些政府工作人员和企业的访谈，我们知道了其中的情况。

"从国家层面来说，整顿和关闭规模小的锰矿企业、矿场，减少排放源，首先是国家受益的，但是具体的整顿关闭政策是不合理的……，我们三个县都有些特殊情况，如果全部按照整顿方案和要求来执行，真正符合的没有几家，当时是全部所有涉锰企业要停产整顿的，三个县长都签了字，所以大家

---

① 访谈记录 HY—01.
② 访谈记录 XS—01.

压力都很大，于是我们也指导相关管理部门对于那些的确没有实力、没有资金、没有技术条件的小矿要严格实施关闭，对于有资源、愿意继续投资上设备的企业，我们给与支持，争取能够保留下来，大家的财政收入大部分还是靠它，地方经济还得运转……"①

"省里和部里的意思是一致的，上面的意思是要求关闭，关得越多越好。前后来过很多的核查组，我们也想执行上面的政策，关键是我们几家都是靠锰矿吃饭的……，又都是民族地区，基础差一些，都不具备十分好的投资环境，发展其他替代产业的类别和规模也是有限，还是离不开矿产开发……"②

"且不说他们为了维持和发展地方经济保留锰矿，而仅仅从企业给政府部门人员送去的利益来看，政府部门也不愿意让过多的企业关闭，真的都关闭了，那些人到哪里吃、喝、乐啊？我这么说可能偏激了点，但这的确也是事实……"③

"当时，县里来了好几批检查的，其实我们的生产能力，上面都清楚，当时存在的问题是大型的企业确实少，其他的都差不多，开矿的、炼粉的（指锰粉厂），层次不齐，整顿一下也很好，我们也很支持，可是一下子要还历史旧账，成本高得很，光我们一家企业当时就投了1000万，建污水处理水塔、装自动检测器，对于这样的投资一般的（小企业）是不愿意投的……"④

（3）地方政府在整顿关闭过程中的"权力寻租效应"，使得该区域环境污染问题"久治不愈"，出现反复性

一是虽然"锰三角"地区展开的污染专项治理虽然取得明显效果，但是地方政府"寻租"现象严重。在治理过程中，一些地方政府的职能部门趁机"敲竹杠"的违规、违纪行为比较普遍，例如按当时国家环保总局要求，每家企业必须安装一套污水处理的在线监控装置，该装置按市场价约12万元左右可以安装好，可是个别县的职能部门下设的公司却搞起了"垄断经营"，卖到

---

① 访谈记录 XS—01.
② 访谈记录 XS—02.
③ 访谈记录 QY—01.
④ 访谈记录 QY—01.

了 40 多万元一套的天价①；另外，一些受访企业也反映，过去一次水取样化验费 5000 元，但在整治期间却翻了 10 倍，5 万元，无异于在他们身上"割肉"②。为了冲减这部分成本，一些企业就会偷排污水、虚报产能②。

二是在"整顿关闭过程"中，"锰三角"的行动只是针对于锰渣污染的"运动式"治理。在"锰三角"地区，新兴起来的金属钼选矿厂、电解锌厂，还有 20 世纪 90 年代开始建起来的硫化锌浮选厂等排污企业，虽然在此次污染整治中做了一些防污工作，采取了一些防污措施，但由于这类企业没有被列入重点整治范围，仍然存在排放污染物的现象。

三是在是在"锰三角"地区，各个地方政府是锰矿开发和水污染的重要推手。根据《中国新闻周刊》的采访资料，在"锰三角"地区，不少"锰老板"都"很有背景"③，一些电解锰企业在整治阶段依然顶风生产且违规直排，原因在于地方政府是这些企业最大的股东④，致使地方环保局在执法过程中也是困难重重，为了治理锰污染，花垣县环保局长甚至在家门口收到用信封装着的两颗子弹⑤。

"2006 年以后，原国家环保总局安排了四次督查，得不到政策允许我们是不敢动的，动了就是不符合政策规定，可是当替代经济还没有达到能够替代地方锰矿发展的程度，为了保证地方经济的穗定，我们必须想办法保留这些企业，怎么办？我们只能利用弱势地位争取上面的特殊政策……"⑥

①　张志强，欧阳洪亮：中国"锰三角"猛回头［Z］.新浪首页－新闻中心－国内新闻.
⑧ttp://news.sina.com.cn/c/2005-05-31/08096038515s.shtml.
②　吴桦源."锰三角"治污喜忧参半［N］.西部时报，2006 年 1 月 10 日，第 002 版.
③　2005 年，时任花垣县抓环保工作的相关负责人受到求情和威胁.
④　以花垣县猫儿乡矿山为例，该乡所有锰矿石一直是由猫儿乡政府垄断收购，2005 年 5 月 18 日，猫儿乡党委委员在接受《中国新闻周刊》记者采访时对垄断收购问题起先予以坚决否认，在记者透露出诸多采访证据后，才改口说："是为了保住地方税金不外流".
⑤　张志强，欧阳洪亮：中国"锰三角"猛回头［Z］.新浪首页－新闻中心－国内新闻.2005 年 5 月 31 日.
⑧ttp://news.sina.com.cn/c/2005-05-31/08096038515s.shtml
⑥　访谈记录 XS—02.

4. 地方政府之间合作治理关系

（1）地方政府间开始寻求合作，但是治理成本太高

2005年9月，在国家环保总局环境监察局陆新元局长的主持下，"锰三角"两省一市政府部门在花垣县召开协调会，会上三县县长及环保局长相继发言，要求一起推进清水江污染问题协同治理，但是由于在治理成本和资源投入方面出现了新的冲突，致使地方政府间在协同治理上的积极性不高。

"当时中央来了好几批（工作组），要求大家先关停整治，先达标（环保）再生产，上面意思很坚决，我们也想治理，可是这个资金怎么投入？我们是上游，我们投的再多都流到下面去了……"①

"那时候，请州里的环境部门做了个检测，说要彻底治理，最少得200个亿，这个费用怎么摊派？所以，大家都很清楚，谁都不想提这个事情（指合作治理成本），所以只能是各自管好自己的，先关的关，停的停，看看能不能过去……当时，想有成立治理基金的想法，可是一想到要投入那么多，大家都放弃了。"②

"那时候，我们的水质监测信息都是由各县环保局检测的，可是双方的数据有出入，谁也说不准哪个最准确，互相都有意见，后来这个问题直到中央在江上建立了全自动水质监测站才得以解决……"③

（2）实行县长负责制，就该问题进行沟通

在中央政府和上级政府强力介入之下，秀山、花垣、松桃三县成立了由县长牵头协调治理小组，地方政府间的有效沟通协调机制初步建立，但是缺乏有效的制衡机制。

"当时县里开了会进行部署，但是关一个厂子比建一个厂子麻烦，县里有人说是我们环保局把关不严，可是如果县里没有政策允许，又有谁会来

---

① 访谈记录 XS—01.
② 访谈记录 XS—01.
③ 访谈记录 XS—02.

投资？" ①

"省里和部里的意思是一致的，上面的意思是要求关闭，关得越多越好，前后来过很多的核查组，我们也想执行上面的政策，关键是我们几家都是靠锰矿吃饭的……，又都是贫困县，基础差一些，都不具备十分好的投资环境，发展其他替代产业的类别和规模也是有限，还是离不开矿产开发……" ②

（3）地方政府选择性执行中央政府的整顿关闭政策致使该区域爆发多次锰矿库尾库溃坝事件，造成大量人员伤亡和财产损失，媒体大量报道，引发"整顿关闭"是否有效的争论，使得中央政府整顿关闭政策的环境治理效果大打折扣③。以花垣县为例：

2008年5、6月，湖南省花垣县兴银锰业连续两次出现渣坝垮坝事故，黝黑半流质状的锰渣倾泻而出，造成人员伤亡以及国道209中断。

2008年4月10日下午，湖南省花垣县峰云锰业有限责任公司坝高5米、长59米、总库容为15万立方米的锰渣库发生一起侧坝溃坝溢出事故，造成6名人员遇难，其中年龄最大的56岁，最小的28岁。

根据新华社"新华视点"发表新闻调查文章称，当时（2008年）花垣县全部14家电解锰企业中，仍有42%的尾矿库存在无资质设计、施工；80%以上的尾矿库无排洪泄渗设施；50%以上的尾矿库坝体偏薄、外坡坡度比达不到要求；20%的尾矿库坝址选择不合理，尾矿库建在村庄和居民区上游；50%以上的尾矿库已满库，无调洪库容，隐患突出。

（二）"整顿关闭"阶段环境治理绩效——集体行动的"二维困境"

从前文的分析中看出，为了解决"锰三角"锰渣污染引发的群体性事件带来的不利影响，推进该区域环境重金属污染态势得到遏制，促使"锰三角"

---

① 访谈记录 HY—02.

② 访谈记录 XS—02.

③ 谭剑：湘西花垣锰渣库溃坝事件调查：无效"整改"酿惨剧［Z］.新华网.http://www.ce.cn/xwzx/gnsz/gdxw/201004/14/t20100414_21271241.shtml.

清水江水污染得到有效治理，2005 年 8 月以后，中央政府先后出台了多个整治方案和政策，希望用三年的时间实现该区域环境得以有效治理，但是从地方政府实际执行中央政府整顿关闭的行为来看，却是喜忧参半，地方政府间的合作治理陷入了集体行动的"二维困境"。

1. "整顿关闭"阶段清水江流域水污染的治理绩效

从短期来看，"锰三角"清水江流域环境治理取得了立竿见影的治理效果，具体体现在以下几个方面。

（1）在环境质量方面

在"整顿关闭"中，经过 3 年的多次的专项治理，"锰三角"所在区域大量的小矿、炼粉厂得到关闭、清理，清水江水质有了明显好转趋势，以环保总局环境监察局的监测数据为例[①]，见表 3-2 所示：

表 3-2　"整顿关闭"过程中清水江流域水污染质量方面的变化

类型		整治前	整治后
水质		劣 Ⅳ 类地表水水质；锰离子、六价铬超过国家标准 50 倍以上	重金属离子含量下降，逐渐接近 Ⅲ 类地表水水质标准
大气质量		二级天数不足 200 天	二级天数约 235 天左右
除尘、废水处理设施		除尘、废水处理设备设施基本紧缺，环境监测设备短缺	除尘、废水处理设备设施基本上齐，实现清污分流、雨污分流和污污分流，采取废水循环利用工艺
三县环境监测站建设		三县环保部门工作人员平均约为 10 人	三县环保部门工作人员平均约为 30 人
三县锰矿企业、矿山数量变化	秀山县	约 120 家	约 70 家
	花垣县	约 130 家	约 60 家
	松桃县	约 100 家	约 70 家

资料来源：根据环保总局、财政部等部门制定的有关"锰三角"环境治理的资料整理。

---

① 陆新元：区域环境综合整治"锰三角"模式的启示［J］．环境保护，2009（1）：26—29．

（2）在群众满意度方面

通过 3 年的集中整治，一些突出环境问题得到了有效解决，改善了人居环境，人民群众环境权益得到有效维护，减少和防止了因环境问题引发的企业与政府矛盾、群众与政府矛盾、企业与群众的纠纷和冲突，党群关系、干群关系、民企关系明显和谐了。2005 年以来，涉及锰污染的信访投诉逐年减少，以前由于环境问题造成的上访突出、围堵企业和政府的现象得到部分缓解[①]。

从长期来看，"锰三角"清水江流域环境治理中存在的许多问题致使治理效果不稳定，尤其是在 2007 至 2008 年期间该区域多次发生的锰矿库溃坝事件使得治理成效折扣[②]，致使各个参与主体在区域环境治理陷入集体行动的"二维困境"，这些合作治理困境具体表现如下（见表 3-3 所示）。

表 3-3　"整顿关闭"过程中清水江流域环境治理的困境表现

序号	环境治理困境表现
1	治理成本太高；地方政府没有积极性
2	运动式治理；一人得病，全家吃药；光治理不发展；地方财政陷入困境
3	地方政府选择性执行中央政府整顿关闭政策；污染的反复性
4	锰渣处理技术难题，多次引发尾库溃堤事件，造成巨大财产损失
5	专业检测平台的缺失使得地方政府间缺乏说服力的监测数据

（1）合作治理成本巨大使得地方政府间陷入合作治理的困境，"锰三角"清水江流域环境治理近 200 个亿的巨额治理资金使得各个地方政府都没有能力去承担，只能在各自的管辖区域内单独进行治理，地方政府间在治理上沟通、承诺机制并没有建立健全，是一种中央强力介入之下"被动式"的合作。

（2）中央政府"运动式"的治理方式，以及"一人得病，全家吃药""光治理不生产"的治理策略，造成中央政府利益对地方政府利益的直接替代，

---

① 陆新元：区域环境综合整治"锰三角"模式的启示［J］.环境保护，2009（1）：26—29.

② 谭剑：湘西花垣锰渣库溃坝事件调查：无效"整改"酿惨剧［Z］.新华网 .http://www.ce.cn/xwzx/gnsz/gdxw/201004/14/t20100414_21271241.shtml.

然而在不确定预期之下，出现"逆向选择"，使得地方政府在关闭大量的企业后面临财政困境，不得不放松监管，致使中央政府整顿关闭政策效果大打折扣。

（3）地方政府的选择执行中央政府的整顿关闭政策，以及"能保则保"的地方保护主义行为，致使部分电解锰企业仍然企业偷偷生产，并且在"整顿关闭"过程中只关闭涉锰企业，不关闭其他类的排污企业，如锰锌矿、钼矿企业。

（4）由于缺乏专业的水质信息检测平台，三县地方政府提供的水质监测数据有出入，致使地方政府间陷入推诿扯皮的合作治理困境。

（5）锰渣处理的技术难题，以及单个地方政府无力承担其辖区内电解锰产业的升级改造责任，只能扩大产能来形成规模效益，致使三县电解锰企业尾矿库急剧扩大，而2008年开始"锰三角"地区发生的多起尾矿库泄漏、污染反复性问题，造成巨大财产损失，引起群众上访和大量的媒体报道，暴露出"整顿关闭"过程中的问题[1]，致使出现四个不满意结果（见表3-4所示）。

表3-4　"整顿关闭"过程中清水江流域水污染治理的四个不满意结果

类型	不满意表现	不满意结果
地方政府	治理成本太高；光治理不发展；地方财政陷入困境；	选择性执行国家整顿方案
锰矿企业	一人得病，全家吃药	部分转变了观念；偷偷生产
公众	污染反复性、水质时好时坏	继续反映、上访
中央政府	短期治理效果好，但是长期不稳定，污染的反复性	不得不调整策略

2."整顿关闭"阶段清水江流域水污染治理"二维困境"的生成机理

从前面的分析可知，在"整顿关闭"过程中（2005年8月——2008年），

---

① 谭剑：湘西花垣锰渣库溃坝事件调查：无效"整改"酿惨剧［Z］.新华网.http://www.ce.cn/xwzx/gnsz/gdxw/201004/14/t20100414_21271241.shtml.

清水江流域水污染治理中地方政府间合作治理困境的形成经历了以下过程，可用以下图来解析，见图 3-2 所示。

（1）清水江的严重污染使得该区域爆发大量群体性事件，以及两省一市沿江 40 余村干部集体辞职引起大量的媒体报道，进而引起中央政府的重视。

（2）中央政府采取"运动式"的治理策略，在该区域掀起环保风暴，先后发起以《湖南、贵州、重庆三省（市）交界地区锰污染整治方案》《湖南、贵州、重庆三省（市）交界地区电解锰行业污染整治验收要求》以及"生产能力"等为依据"倒计时分时段"整治计划。

（3）由于区域环境污染治理成本太高、地方政府间之间沟通机制、协调机制、承诺机制没有建立健全、排污信息不对称、排污企业偷偷生产、中央政府"光治理不生产"运动式治理策略，使得地方政府选择执行中央政府制定的整治方案，致使环境治理效果不明显，存在隐患；虽然地方政府间沟通机制、协调机制、危机处理机制得以初步建立，但是面临很多困境。

（4）2007 至 2008 年期间，该区域发生的多起锰渣库溃坝事件以及水质的不稳定，产生了"四个不满意"结果和新的治理困境。

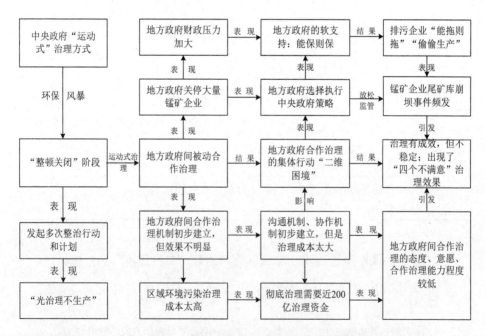

图 3-2 "整顿关闭"过程中清水江环境治理"二维困境"的生成

（三）"整顿关闭"阶段区域环境治理"二维困境"的原因解析

通过清水江流域水污染治理的第二个阶段——"整顿关闭"过程的分析可以看出，在"整顿关闭"过程中（2005 年 8 月—2008 年），中央政府采取了运动式的治理方式对清水江流域水污染进行整治，虽然发起多次专项整治行动、上级政府也积极参与，但是治理效果却喜忧参半，不尽如人意，以致出现了"四个不满意结果"，通过前面对"整顿关闭"治理过程的阐述，本研究认为造成"整顿关闭"过程中区域环境治理出现"二维困境"的原因在于以下几个方面。

1. 条块体制的分割

"锰三角"三县地方政府在中央政府强力介入之下迈向合作进程中碰到最现实也最难以解决的问题就是条块体制分割所带来的不同利益主体，如果不能打破这种区域分割的治理体系，就无法真正突破条块分割所带来的政令不一。这也是"整顿关闭"过程中环境治理效果出现反复性，引发"四个不满意"治理结果和合作治理困境的根本原因。条块的分割使得三县地方政府在合作治理方面存在严重的冲突，致使合作态度、合作积极性不高，即便是中央政府强力介入之后，单个地方政府仍然存在选择性执行中央"整顿关闭"政策的现象，而专业水质检测机构的缺失，使得地方政府间缺乏有效的制衡机制，致使中央政府"整顿关闭"政策大打折扣。

2. 操作平台的乏力：地方政府间信任、沟通、承诺水平较低

区域合作的组织操作平台在很大程度上决定了区域合作治理的有效性，在西方国家，区域环境决策的决策权由中央政府掌握，中央政府一般有专门的机构负责区域政策的制定和实施；立法机构负责批准或否决由区域管理机构确定的援助措施、奖励力度、区域开发设计，也包括成立或取消特定区域管理机构或者开发机构。此外，国外的区域合作组织的组织操作平台有一些共同的特点：首先，它们都是在特定区域实施区域政策框架内的各种发展项目的特殊机构，往往独立于中央政府或者在多部门之间起着协调作用。之所以需要这样的组织结构，是由于区域合作实施的项目是解决特定流域内的社会经济问题，就必须得到区域内的各种力量的广泛支持和各个利益相关者的参与。

其次，区域合作治理的操作平台是区域或者地方多种活动的协调机构，如基础设施、资源保护、社会服务等，其最终目的不仅仅是要促进经济发展，而是要提高流域内的环境质量并平衡利益在不同区间的分配。

然而，在清水江流域，当时中央政府并没有设立专门的区域协调治理机构，各区域间或者区域内的合作与协调的组织平台都是由相应区域内的政府组建成临时或者半临时议事机构承担。在组织结构上，既不能独立于相关政府机构或者在多部门之间发生实质性的协调作用，又不能有专门的机构对区域规划和政策负责，这就不可避免地造成区域协调合作治理平台的乏力，缺乏对各个参与主体的有效约束。这种情况在清水江流域水污染治理的第二个阶段——"整顿关闭"过程中尤为突出。

在"整顿关闭"过程中，中央政府强力介入，发起了环保治理风暴，计划用3年的时间使得该区域的重金属污染得到有效治理，并推进该区域的产业结构调整，这种"运动式"治理方式在治理初期虽然取得了立竿见影的效果，但是缺乏可持续性，忽视了治理平台的建设，清水江流域的三县地方政府之间并没有真正建立起有效的合作治理平台和治理机制，已有的合作和沟通是在中央政府自上而下的行政压力之下被动进行的。因此，当合作治理成本增加、专业治理技术难度加大、权威检测数据缺乏、地方政府财政出现困难之后，三县地方政府之间纷纷选择适合自身的整顿政策，加之缺乏正式的合作治理机构和程序化的治理机制，致使地方政府之间已经初步建立的协作意愿和合作态度并不能使得三县真正承担起流域环境治理的工作职能，也难以保证对三县地方政府之间的合作治理行为进行有效协调。

值得注意的是，这种因为合作治理平台的乏力而造成难以对合作各方进行有效协调的情形，并不单单存在于清水江流域水，近年来我国流域环境污染问题频频爆发，中央政府都无一例外的采取了"运动式"的治理方式，但是治理效果却陷入了"危机爆发—运动式治理—取得效果—危机再爆发—再治理"这样一个循环。因此，如何促进和构建流域合作治理平台，形成流域环境治理联盟，通过制度化的合作治理平台和协调机制才能真正有效推进区域环境治理，在下一节的分析中，我们将看到正是由于合作治理平台、合作治理机制的构建，清水江流域水污染治理才取得稳定的治理效果。

3. 以 GDP 为导向绩效考核的掣肘

当前，许多研究区域合作治理的学者都注意到了现行的政府考核机制不利于区域之间的相互合作，尤其是那些跨越不同省际区域的合作更是比较困难[①]，这种以行政辖区内的经济增长为考核指标的晋升制度在很大程度上也阻碍了区域合作的发展。

一是当前的以"经济为中心"的考核制度不利于流域水污染问题的解决。在区域环境问题的出现往往是单个地方政府在前期的发展过程中没有关注本地发展可能对相邻地区的影响，如本地经济的发展导致了相邻地区环境的污染，过去成功地激励了本行政辖区的官员追求单一经济发展目标的政策和体制，至少部分地成为今天流域水污染问题频频出现的根源，即在要求地方政府之间展开合作来对区域环境问题进行治理时，地方政府会面临治理成本、治理技术、监测数据等方面的问题，如果缺乏强有力的行政压力和环境治理考核机制，地方政府间即便建立起一定的沟通协作机制，也面临"会上签协议，会下各干各的"的局面。在"整顿关闭"过程中，"锰三角"三县地方政府虽然在中央的主持下开始沟通合作，但是之间缺乏有效的制衡机制，三县政绩的直接考核单位仍然是两省一市。因此，在治理初期，虽然出现了很好的治理效果，但是随着治理成本、治理技术、监测数据等问题的出现，三县地方政府间的合作治理就开始出现困境，以致出现了"四个不满意"治理结果。

二是地方政府间的合作主体因为相互之间没有行政隶属关系，属于平等的"块块"合作，这种科层制的横向组织结构也缺乏激励机制，或者说，在横向地方政府间的职能部门之间的合作缺乏动力。事实上，当这种合作治理不能给自己带来合作收益，或者合作成本大于合作收益，单个地方政府就会把这种合作治理行为看成是一种"配合行动"，而不是一种真正意义的互利合作，进而寻求共同的合作利益。在"整顿关闭"过程中出现的合作治理困境也进一步证明，如果不能加强环保治理的考核机制，即便中央政府开展多次"运动式"治理，清水江流域环境问题仍然会"久治不愈"。

---

① 陈瑞莲，杨爱平：从区域公共管理到区域治理研究：历史的转型［J］.南开学报（哲学社会科学版），2012（2）：48—57.

三是从理论演绎的角度分析清水江流域水污染治理困境的产生，可以用"公用地的灾难、囚徒博弈的困境、集体行动的困境"以及"个体理性与集体理性的冲突"等非常经典的概括来加以阐释与说明。这是因为，由于环境边界与行政边界不一致，地方政府对本辖区环境有管理权，基于自身利益考虑来制订流域水污染治理政策和规划时，往往缺乏协商与沟通，以致出现"以邻为壑"或"搭便车"情形。此外，利益取向多元化使得各个利益主体之间既存在利益取向的一致性，也存在差异性。在利益主体对于自身利益最大化的关注以及"经济人"的有限理性的影响下，即使存在互利合作而实现各自利益最大化的可能，但利益主体之间由于信息不对称等因素的影响，也极有可能因个体理性与集体理性的矛盾而导致利益主体之间合作的失败。因此，在"整顿关闭"过程中，清水江流域水污染治理之所以陷入困境，是因为碎片化的治理结构、本位主义的治理动机、各自为战的治理行动无法形成合力，同等个体之间的互动情境由冲突与合作构成，要减少冲突而增加合作只能通过有效的协调去实现。因此，如何调动地方政府合作的积极性和主动性，促使三县地方政府走出治理困境，必须从顶层设计来加强治理主体之间的协调，构建流域水污染的合作治理网络和合作治理机制。

四、"整合推进"治理过程及其环境治理绩效（2009—2012 年）

（一）"整合推进"阶段行动者的行为与治理过程

针对在"整顿关闭"过程中出现的污染的反复性、地方政府治理意愿和态度不积极、后续多次的溃坝事件以及出现的"四个不满意"治理结果，中央政府从 2009 年开始调整治理方式和介入策略，采用多样化的激励政策和激励手段来探索污染整治与环境质量改善考核的新机制，并开始实施更为严格的环境治理考核责任制。

表 3-5　2009—2012 年　国家治理清水江流域水污染的文件列表

日期	法律、法规或者项目	实施部门
2009 年 4 月	《"锰三角"环保资金专项治理计划》	原环保部、财政部
2009 年 5 月	国家环保部在清水江水域建立第一个水质全自动检测站	原环境保护部
2009 年 7 月	中央环保专项资金投入 1700 万元用于"锰三角"区域环境综合整治	财政部
2009 年 8 月	实施"以奖促治""以奖代补"的农村环保政策	原环境保护部
2009 年 12 月	《关于加强重金属污染防治工作的指导意见》	原环境保护部
2009 年 5 月	原环保部出台《规划环境影响评价条例》,发布实施《规划环境影响评价技术导则》	原环境保护部
2009 年 6 月	原环保部在河北省北戴河举办"锰三角"地区党政领导干部环保培训班,湖南花垣、重庆秀山、贵州松桃三县乡级领导干部和企业负责人共 89 人参加了培训班。	原环境保护部
2009 年 6 月	国务院办公厅转发《环境保护部等部门关于加强重金属污染防治工作指导意见的通知》(国办发〔2009〕61 号)	国务院办公厅
2010 年 1 月	《"锰三角"地区地表水监测方案》发布	原环境保护部
2010 年 3 月	推广总结"锰三角"地区环境综合整治工作经验	原环境保护部
2010 年 7 月	原环保部在清水江上游和中游增加两个全自动水质监测站	原环境保护部
2011 年 9 月	科技部授予的"湘西国家锰深加工高新技术产业化基地"	科技部
2011 年 3 月	原环保部下发的《重金属污染综合防治"十二五"规划》(环发〔2011〕17 号)	原环境保护部

资料来源:环境保护部、财政部等部门制定的有关"锰三角"地区清水江流域水污染环境治理的公开资料整理。

1.中央政府的行为和策略调整

（1）中央政府的主要领导积极重视,再次进行批示和调研[①]

2009 年 1 月 23 日,胡锦涛主席在环境保护部呈报的 3 年多整治情况报告上作出第四次批示,充分肯定"锰三角"区域专项整治已取得明显成效,强

---

① 陆新元.夺取"锰三角"区域环境整治新成绩［N］.中国环境报,2009 年 8 月 5 日,第 002 版.

调"要巩固成果，继续推进清洁生产和综合利用，夺取环境整治新成绩"。

2009年1月24日，国务院副总理李克强同志也作出批示，要求环境保护部要认真贯彻落实总书记批示精神，在"锰三角"清水江流域环境综合治理取得明显成效的基础上，"加强督促协调，以巩固成果，推广经验，推动区域环境整治，切实加强生态环境建设"。

2009年4月8日，李克强副总理再次针对"锰三角"水污染后续问题作出批示，要求环境保护部"继续加强对地方的指导与帮助，做好后续整治工作，巩固和深化治理成果"。

2012年5月24—26日，温家宝总理在湖南省湘西州、花垣县调研，充分肯定了该区域环境治理成果，并对"武陵山区连片规划"带建设提出了具体的指导意见。

（2）加大专项治理资金扶持力度

针对"锰三角"清水江流域环境治理高额治理成本情形，2009年4月，环境保护部联合财政部开始实施为期3年的环保资金专项治理计划，即从2009年至2012年，中央财政每年给予"锰三角"秀山、松桃、花垣三县每年5000万的专项治理资金，并要求重庆市、湖南省、贵州省政府给予相应额度的配套资金，每个县每一年的环保治理专项资金近1亿，用于补助"锰三角"地区电解锰企业渣场规范化整治、尾矿库综合整治、电解锰末端废水治理等专项治理工程，以改善"锰三角"地区环境污染问题，缓解"锰三角"地区环境安全隐患，进而消除地方政府在治理电解锰渣污染过程中资金匮乏的顾虑。

2009年，中央投入环保综合技改资金1.6亿元，对锰渣规范堆存、铬渣无害化处置、污染治理新技术等示范工程给予资金支持，这些资金以企业申请、直接补贴的形式发放给该区域电解锰企业、电解锌企业，引导企业向集约型、节约型方向转型。

（3）召开多次环境保护协调会和治理经验座谈会

2009年4月16日，湘黔渝交界"锰三角"地区环境综合整治工作座谈会在湖南省花垣县召开，环境保护部部长周生贤主持会议并实地检查和检测中央环保资金使用情况，以及区域环境治理情况。湖南省副省长刘力伟、重庆市副市长凌月明、贵州省副省长辛维光、环境保护部总工程师万本太出席会议。环境保护部有关司局、华南环境保护督查中心、西南环境保护督查中心、中国环境科学研究院，湖南省、贵州省和重庆市环保局及三省（市）有关地区负责同志等参加了会议。

2009 年 4 月 17—18 日，环境保护部部长周生贤率有关司局负责同志在湖南省花垣县调研湘黔渝交界"锰三角"地区环境综合整治情况，先后考察了清水江边城镇三省（市）交界处河流断面水质情况、湖南东方锰业集团污染治理情况，并在边城镇清水江边实地了解水质情况。

2010 年 3 月 25—26 日，国家环保部监测司陈岩副调研员在贵州省环保厅科产处吴海生处长、省环境监测中心站魏云富站长、地区环保局纪检书记刘金政同志陪同下对《"锰三角"地区地表水监测方案》落实情况及存在的问题进行了调研，并现场考察了铜仁地区环境监测站实验室，地区环保局牛文江局长和地区监测站彭贵海副站长作了专题汇报。

2011 年 10 月 30 日，环保部召开湘黔渝"锰三角"区域环境综合整治督查工作会，环保部环境监察局局长邹首民在会上要求，"锰三角"涉及的贵州松桃、湖南花垣、重庆秀山三个县要保持高压，强化监管，巩固现有成绩，实现污染源达标排放和省际交界断面水环境质量"稳定双达标"，不断加快产业结构调整步伐，真正让"锰三角"地区突破"粗放型"发展的旧模式，走上可持续发展道路。

（4）将清水江水质监测纳入国家水质监测序列

针对"整顿关闭"过程中三县地方政府的环境监测数据不一致情形，2009 年 5 月，国家环保部在清水江水域建立第一个水质全自动检测站，将"锰三角"地区 9 条河流和 1 个水库的 17 个监测断面纳入国家环境监测网，将清水江水质自动检测站纳入国控地表水自动站管理序列，这也是"锰三角"地区的第一个国家级水质全自动监测站。

2010 年 7 月，原环保部在清水江上游和中游增加两个全自动水质监测站，使得该区域水质监测从上游松桃（断面）到中游秀山（断面）再到下游花垣（断面）实现自动检测，数据自动上报给环保部环境监测司下辖环境监测中心。

（5）主持召开协调会和培训班，促使三县地方政府签署《"锰三角"区

域环境联合治理合作框架协议》

2009 年 6 月，原环保部在河北省北戴河举办"锰三角"地区党政领导干部环保培训班，旨在进一步提高"锰三角"地区党政领导干部和企业负责人的认识，提升三种能力（基层政府领导科学发展的执政能力、环境监管能力和企业治污自我约束能力），彻底解决"锰三角"地区的环境问题，推进"锰三角"科学发展。本次培训班由环境保护部人事司组织，环境保护部宣传教育中心具体承办，湖南花垣、重庆秀山、贵州松桃三县领导干部和企业负责人共 89 人参加。

2011 年 5 月 25 日，在环保部环境监察局和湖南、贵州、重庆三省（市）环保部门的共同推动及见证下，"锰三角"地区三县人民政府签订了《"锰三角"区域环境联合治理合作框架协议》（以下简称《合作治理框架协议》）①，共同应对区域性环境问题。《合作治理框架协议》的主要内容包括以下几个方面：

一是建立区域环境保护定期联席会商机制。三县人民政府建立区域环境联合治理联席会议制度，每年至少举办一次。会议由三县人民政府轮流举办和主持，交流经验，通报信息，共同研究解决区域性和跨界性生态环境问题，加快形成"共防、共治、共保、共建、共享"的良好合作局面。

二是建立区域环境污染联防联控长效机制。紧紧围绕促进经济发展方式转变，根据流域环境容量和区域总量控制目标，优化区域经济布局，上游地区拟建涉锰建设项目，经环境影响评价预测可能会影响跨界断面水质或造成超标的，在环评文件审批前，应征询下游相邻县人民政府的意见。控源截污减排，共同推进电解锰生产企业清洁生产和渣场的整治工作，加强污染防治，做到节能、降耗、减污、增效。实行河长/河段环境质量负责制，实施流域停产制度，国控省际交界断面的特征污染物超标 4 倍以上时，上游人民政府应立即采取强制措施，对该河段内所有排放该特征污染物的企业实施关停，直至排查出责任主体。共同实施区域联合执法监督，三县人民政府成立联合检

---

① 《合作治理框架协议》的签署标志着"锰三角"区域环境治理中地方政府间协作治理机制的正式形成和深化。

查组，开展定期或不定期现场检查，原则上每月不少于一次，汛期要加大检查力度和频次。建立信息季度通报机制，三县人民政府每季度向其他两个县人民政府办公室通报环境监测、污染纠纷和应急事故等信息。

三是建立跨界生态环境事故协商处置机制。做好事故发生通报和处置工作，当发生生态破坏或环境污染事故或出现环境质量异常，可能影响下游地区时，事故发生地人民政府应及时将事故基本情况告知受影响县人民政府，并立即启动环境突发事件应急预案，提出控制、消除污染的具体应急措施，受影响地区要予以协助。积极协调处理纠纷，跨界水污染纠纷发生后，应立即召开联席会议进行协商处理，并按照协商处理意见予以落实。

（6）将科研机构纳入区域环境治理进程

在"整合推进"过程中，针对锰渣污染处理的复杂性，环保部邀请中国环境科学研究院、浙江大学、中山大学、重庆大学等科研机构参与进来，尝试从技术层面支持解决污染问题，探索采用高新技术和先进实用技术改造生产工艺，从技术层面支持解决污染问题，积极研发锰产品深加工及新兴替代产业，延伸产业链。

2009年1月，原环境保护部与科技部联合启动了"锰三角"环境评估及跨界环境污染防治综合对策项目，并提供1700万的技术升级专项治理资金。

2008年9月，承接电解锰产业第一个国家级的"863"计划的电子极无硒四氧化三锰在花垣县东锰集团中试成功，2009年1月，东锰集团在花垣工业园区启动1万吨电子极无硒四氧化三锰生产线建设。

2010年7月，中国环境科学研究院给湖南东方矿业有限责任公司（位于花垣县）无偿提供"电解锰工艺废水全过程控制""锰粉浸液二段酸浸洗涤压滤一体化"和"锰渣资源化利用"等关键技术，使东方矿业的电解锰生产，在高度自动化与智能化的基础上，可实现零污染与零排放。

2. 省级地方政府和环保部门的行为和策略

自2009年以后，随着中央政府陆续出台"锰三角"区域环境治理的相关政策，"锰三角"三省（市）级政府、环境保护和监察部门开始密切关注该区域"锰渣"污染整治动态，在制定相应的治理规定的同时，加大行政监察力度和环境质量的监测力度。

（1）实施新型的环境绩效考核标准，加大环境绩效考核力度

自 2008 年开始，湖南省委、省政府出台实施的《湖南省新型工业化考核奖励办法（试行）》规定，湖南不再以 GDP 作为干部政绩考核的唯一标准，而是以节能降耗、单位工业产值能耗、主要污染物排放降低率、工业土地利用效率等指标，作为对各级干部政绩考核的重要标准[1]。

"以前大家都在拼经济，发展得好自然就升得快，现在不一样了，环保局里的压力越来越大……通过这么多次的治理行动，基层政府的监管态度变得慎重小心了，都怕因锰矿事故而被问责……其实这么多年的治理，也能看出来，这个问题的关键不是治不好的问题，而是怎么治，如何治理的问题……"[2]

自 2009 年开始，为了进一步巩固和深化整治成果，重庆市开始加大环境绩效考核力度，实行一票否决制（此举也被地方政府成为"摘帽子"考核）。

2009 年开始，贵州省政府及环保厅在铜仁地区实行"区域限批"政策，并开始推进矿权整合和安全生产技改项目。

"环保问题和乌纱帽联在一起，使得治污问题更加敏感了，县乡领导都不敢给污染企业开绿灯……"[3]

（2）将清水江水质监测纳入省级环境质量重点监测序列，加大区域环境质量的监测力度

当中央政府在"锰三角"地区建立全自动环境质量监测站以后，作为清水江上中下游的贵州省政府、湖南省政府和重庆市政府环境压力增大，都将该区域环境监测信息列入各省（市）环保重点监测序列，加大了对清水江出境断面、交界断面的水质监测力度。

---

① 湖南省统计局 . 湖南省新型工业化考核奖励办法（试行）.2008 年 4 月 18 日 .
② 访谈记录 XS—01.
③ 时任秀山县县长张泽洲在《中国环境报》的访谈记录中表示 .

2010 年 1 月 11 日，作为上游的贵州省环保厅下发关于实施《2010 年贵州省地表水河流国控省控断面水质监测方案（试行）》的通知，要求在"锰三角"松桃县区域实施水质专项检测，其中水质专项监测断面 1 次 / 月，每次 1 天；水质自动站 6 次 / 天，每天 0：00、4：00、8：00、12：00、16：00 和 20：00 进行采样分析，即每 4 小时进行一次采样分析；该断面未自动监测的指标，按专项监测要求，每月手工补测 1 次其他指标。

（3）全面实施环境"区域限批"政策，扩大电解锰污染治理区域和范围，加大挂牌督办力度

为了巩固和推进已取得的治理成效，"锰三角"三省（市）政府开始按照中央要求全面实施环境"区域限批"政策，并进一步扩大整治区域和整治范围。

2009 年，湖南省政府将湘西土家族苗族自治州整体纳入电解锰污染治理范围，在全州范围内实施"区域限批"政策。

2009 年重庆市政府开始在全市实施环境"区域限批"制度，秀山县被列入重点整治区域，并将重庆酉阳县增列入"锰三角"清水江流域环境治理范围，并进行挂牌督办。

2011—2012 年，重庆秀山县、酉阳县再次被重庆市环保局列为电解锰环境治理挂牌督办县。

2010 年贵州省将铜仁地区整体纳入"锰三角"清水江流域环境治理范围，加大电解锰产业的规划和产能升级产业扶持力度。

（4）出台和下发区域环境专项治理规划，积极探索污染整治与环境质量改善考核新机制

2009—2012 年，"锰三角"三省（市）省级政府都先后下发多个专项治理规划和文件，加大该区域的环境治理力度，积极探索和实施新的污染整治与环境质量改善考核新机制。

①重庆市政府以及环保部门的行为和策略

2009—2012 年，重庆市政府下发或者出台专项治理规划和文件，加大治理力度（见表 3-6 所示）。

②湖南省政府以及环保部门的行为和策略

自 2008 年下半年起，湖南省先后下发多个治理文件和规划，加大区域内

环境污染的检测能力建设、电解锰产业整合、产能升级、技术升级的扶持力度。

2010年11月15日，湖南省政府下发《关于深入实施湘西地区开发战略的意见》。

2011年7月28日，湖南省委副书记、省长徐守盛到花垣县调研矿产资源开发秩序整顿工作，强调要毫不松懈地推进整顿和规范矿产资源开发秩序，坚决打赢这场硬仗。

表3-6 2008—2012年 重庆市政府及环保部门下发的环境治理文件列表

实施日期	法律、法规或专项治理计划	实施部门
2008年5月13日	重庆市政府下发《关于加强主要污染物总量减排工作的实施意见》；	重庆市政府
2010年7月	重庆市政府下发《关于印发重庆市重金属污染综合防治规划的通知》（渝办〔2010〕75号）；	重庆市政府
2011年10月	重庆市环保局、监察局下发《关于印发秀山县锰行业整治专项督查方案》（渝环〔2011〕109）	重庆市环保局、监察局
2011年6月23日	重庆市环境保护局下发《关于开展尾矿库环境安全专项整治工作的通知》	重庆市环保局
2011年6月28日	重庆市政府下发《关于下达2011年主要污染物总量减排主要减排项目的通知》（渝办发〔2011〕94号）	重庆市政府
2011年11月23日	重庆市政府《关于重金属污染重点防控企业投保环境污染责任保险的通知》	重庆市政府
2012年3月	重庆市环保局将辖区秀山县、酉阳县的电解锰污染治理问题再次挂牌督办	重庆市环保局

资料来源：据原环保部、财政部等部门制定的有关"锰三角"环境治理的公开资料整理。

2010年8月3日，湘西州召开州委常委会议，专题研究花垣矿山的整治整合问题，163个锰矿洞被关闭，1064个铅锌矿洞被关闭。

2011年8月19日，湖南省湘西州下发《湘西自治州环境监测"十二五"规划》，明确要求在"十二五"期间，投入资金5267.2万元，加强环境监测基础能力建设（其中设备仪器配置1218万元，业务用房2374.2万元，监测业务经费1425万元，人才建设经费250万元）。

2010 年 10 月，湖南省湘西州批复花垣县制定的《锰矿区矿产资源开发整合方案》与《铅锌矿区矿产资源开发整合方案》。

2012 年 6 月 6 日，湘西自治州人民政府下发《关于金融支持我州实施武陵山片区区域发展与扶贫攻坚试点工作的意见》。

③贵州省政府以及环保部门的行为和策略

自 2009 年开始，针对检查中发现的部分企业放松思想出现污染反弹、查封停产企业出现污染物防治空白、渣场未做防渗导致渗透液污染较明显、水体锰污染受雨水冲刷作用影响明显等问题，贵州省及环保部门成立了领导小组，制定了整治工作方案，强力推行"政府 + 企业"环境治理责任[①]，敦促铜仁地区地方政府开展以下四个方面的能力建设[②]。

一是全面建立辖区内电解锰企业"水、气、声、渣、环境质量"的"五包"责任制。

二是严格按照项目建设管理程序，监控辖区内企业环境整治项目安全有效地进行。

三是加大区域、流域水质监测力度和监测频次，及时通过监测结果对电解锰企业整治效果进行评估，对违法排污企业发现一个，处理一个，对在整治过程中不能稳定达标的实行停产整顿。

四是探索建立辖区内上下游断面水质监控、排污许可证环境容量限制、超标停产限产、行业限批和限产、过境水质纳入政府考核新机制，切实降低区域、流域环境污染负荷。

3. 地方政府行为和策略——由被动转向积极推动

随着中央政府调控对策的转变以及省级政府环境绩效考核力度和扶持力度的加大，以及一系列行政、技术、法律和经济等综合措施的实施，"锰三角"三县地方政府在区域环境治理上态度趋向积极和主动，推进区域环境治理的决心和力度越来越大，办法越来越硬，开始发挥"积极推动者"和"倡导者"的角色，并逐步树立了经济发展环保先行的指导思想。

---

① 梁隽：电解锰行业向松桃看齐　贵州推广"松桃模式"［N］.中国环境报，2012 年 3 月 27，第 3 版.

② 梁隽：出境水质改善　贵州松桃锰污染治理成效获环保部肯定［N］.贵州日报，2011 年 11 月 6 日，第 5 版.

（1）地方政府的治理态度趋于积极——"不达标绝对不允许恢复生产"

2009—2012 年，"锰三角"三县地方政府纷纷加大整治力度，推行环境分片承包和考核制度，加大行政问责力度，进而做出了"不达标绝对不允许恢复生产"决定。与此同时，地方政府在环境监管方面加大投入，坚决防止污染反弹。

"动用行政问责，就是要将治污责任落实到位，将环境质量目标责任制落实到人，把风险压力变成了治污动力……"[①]

2011 年 5 月，秀山县政府下发《关于印发秀山县锰行业整治专项督查方案》，决定从 2011 年 5 月 6 日起对各锰粉生产企业实施停产整治。供电部门停止对各锰粉生产企业的生产性供电、锰业电子监控系统管理办公室停止各锰粉生产企业的购矿权限，各有关乡镇负责辖区内锰粉生产企业停产整治的组织实施工作，全面落实"三员驻厂"制度（环保部门领导分片实行包干责任制、每厂指派一名环保监督员、每厂指定一名当地乡镇领导，以落实好每一个项目），每个企业进驻 1 名，专职监督和保证企业废水"零排放"。如果企业严重违规而相关的责任人又没有进行有效监督，那么相关的责任人将受到开除公职等严惩。每个乡镇都有专门的政府领导负责，锰矿开发和加工企业一旦出现问题，县里将追究主要责任人的责任。

2011 年 6 月 13 日，秀山县政府下发关于转发《秀山县 2011 年整治违法排污企业保障群众健康环保专项行动工作方案》的通知（〔2011〕63 号），要求对辖区内所有电解锰、电解锌、钼矿企业进行整顿治理。

2011 年，秀山县的关停措施除了电解锰企业，还涉及整个锰行业，包括 37 家矿山企业和 83 家锰粉厂，一律停产。

"有些渣场没有超出设计容量，但考虑到整个环境影响，还是关了。"[②]

2009 年至 2011 年，松桃县采取了治污"一厂一策"、行业整合重组，严

---

① 访谈记录 HY—01.
② 访谈记录 XS—01.

格监管执法，强化科技创新，加密环境监测，实时视频监控等措施，对包庇、祖护违法排污企业则实行"不达标绝对不允许恢复生产"的规定，在环境保护工作中行政不作为、监管不到位的单位、企业负责人等追究相关责任[①]。

2010 年 10 月，花垣县分别制定了《锰矿区矿产资源开发整合方案》与《铅锌矿区矿产资源开发整合方案》。采取"一个区域一个采矿权证、一个法人主体、一套适合的开发利用方案"，从而实现开采、开发的规范与有序，在锰矿的整合方案中，把 19 个锰矿开采企业，按地域接近性、矿块结构、资源储量等因素，将原来分散、交叉、重叠的矿洞，划分为 A、B、C、D、E 5 个整合区域，实现"真停、真关、真整、真治"的治理目标[②]。

（2）借助金融危机的不利影响，加大电解锰产业整合力度，谋求经济转型

2009 年以后，随着全球金融危机蔓延，致使电解锰行业整体经济不景气，许多电解锰、电解锌企业陷入停产、半停产状态，"锰三角"三县地方政府借此机会加大电解锰、电解锌等产业的产业结构调整和产能整合力度。

2009 年下半年开始，重庆秀山县开始实施产能规划项目，按照整治计划，不仅要企业对简陋的尾矿渣场做封闭处理，还要把 16 家关停的电解锰企业整合成 5—7 家，新企业将按照规范化要求重建新的尾矿库。

2011 年 10 月 13 日，秀山县下发《关于对锰粉生产企业的锰粉生产线予以关停的决定》，要求对境内所有锰粉生产企业实施停水、断电措施，直接关停 83 家锰粉厂，加大整合力度。

从 2010 年 8 月起，湖南省湘西州开始强力推进矿业整治整合，先后对全州 1800 多个锰锌矿洞进行了全面的整顿，依法关闭了 1300 多个矿洞；并且按照国家行业标准，围绕矿业"统一布局、转型升级、做大做强"的目标，运用新工艺、新材料进行改造升级，整合做大锰锌加工企业。其中，花垣县开始新建电解锰产业园区，加大环境投入力度，所有电解锰企业、产品深加工企业全部入园，通过组建大规模的矿业集团，发展矿产品精深加工，电解锰企业将由 60 户整合到 3—5 户，电解锌企业将由 14 户整合到 4—5 户，从而彻

---

① 资料来源：调研中获得的资料：从黑到绿的涅槃——贵州省松桃县锰污染环境综合整治攻坚纪实。

② 邹礼卿："锰都"涅槃［J］.国土资源导刊，2011（3）：44—45.

底改变湘西州矿产品加工业小、散、乱的状态，实现整治整合的转型升级发展。

自 2009 年以后，松桃县加大了环境监管力度和产业整合力度，将 34 家锰矿开采企业整合为 5-8 家，并计划将 21 家锰粉加工企业整合为 2-5 家，此外，还关闭了 5 条不符合产业政策的电解锰生产线。

"说实话，2009 年以后的经济不景气也是我们想推进整合的一个重要原因。当时，停的停，减产的减产，为我们整合提供了很好的机会……以前谈整合，意见都不一致，大小企业都反对。2009 年以后，因为经济形势不好，大家都有了'抱团取暖'的态度，所以推行起来就顺利得多……"①

"以前关那些小厂的时候，大家都还比较担心，会对县里发展有影响，整合了以后，发现这种影响是暂时的，现在中央的补贴政策是企业直补的形式，对于我们的监管和效益都有了明显提升……"②

（3）将科研机构纳入到区域环境治理进程

自 2009 年开始，面对锰渣污染处理、企业选址、电解锰产品升级等技术难题，在中央政府的支持下，"锰三角"三县地方政府在区域环境治理过程中开始安排专项科技支撑资金，充分吸纳并发挥科研机构的技术优势来支持"锰三角"污染整治，依靠科技攻关，提高锰产品的科技含量，实现锰产品的精深加工，推进电解锰产业整合和升级，走新型工业化的道路，实现清洁生产。

2009 年 4 月，环保部在秀山县、花垣县、松桃县联合召开座谈会，邀请中科院、中国环境科学院、重庆大学、浙江大学、中山大学等科研机构人员参与讨论锰渣的技术处理和电解锰产品升级问题。

2010 年 5 月，秀山县的武陵锰业公司联合中国环境科学研究院等有关高校院所就电解金属锰企业的生产工艺改造、污水处理、废渣综合利用进行专项研究；

2010 年，由中国环境科学院赖明成院士牵头，在湖南省花垣县进行开始锰渣、铬渣的无害化和再利用进行试验，并在污水锰离子提取、锰渣处理新

---

① 访谈记录 ST—01。
② 资料来源：调研中获得的资料：从黑到绿的涅槃——贵州省松桃县锰污染环境综合整治攻坚纪实。

工艺研发、锰渣生产建筑用砖方面取得初步进展，目前生产的产品已进入中试阶段，包括锰废渣生产的建筑水泥、地板砖和琉璃瓦等产品。

2010年7月9日，为从根本上巩固矿山整治整合的成果，顺应国家淘汰电解锰落后产能的政策，花垣县将8家电解锰企业按照"等量置换"的整合方式，重组成立了"湖南东方矿业有限责任公司"，公司集采、选、冶、贸易、技术研究、资本营运等为一体，形成15万吨电解锰生产线的建设规模。为了支持该公司发展，中国环境科学研究院给该公司无偿提供"电解锰工艺废水全过程控制""锰粉浸液二段酸浸洗涤压滤一体化"和"锰渣资源化利用"等关键技术，使东方矿业的电解锰生产，在高度自动化与智能化的基础上，可实现零污染与零排放。

2011年3月，松桃县开始实施锰渣"变废为宝"计划，从福建引进三和锰业公司以及同南开大学合作，成功研制出利用锰渣生产的一种新型装饰材料、利用阳极泥生产高附加值产品的实用技术。

"锰渣和阳极泥处理是世界级的技术难题，不是我们做不好，以前确实有困难，但是尽管锰业废渣处理非常复杂，我们也想闯一闯……从目前的情况来看，我们的处理技术算是国内最先进的了……"①

（4）推进区域旅游和经济一体化建设，寻求电解锰产业之外的行动

在电解锰、电解锌产业开发受到国家愈加严格限制以后，"锰三角"三县地方政府在推动区域环境协作治理的同时开始寻求其它途径来推动辖区内经济发展，即通过区域旅游开发、文化整合、产业结构调整等措施来推动"锰三角"区域旅游、文化、经济一体化建设。

一是立足于少数民族聚集区，开始挖掘该区域少数民族文化，深入推进区域旅游开发，在民族文化、劳动就业、旅游开发、区域产业结构方面进行有效整合。

2009年7月8日，湘、黔、渝边区残联工作协作会在贵州省松桃苗族自

---

① 访谈记录 QY—02。

治县城召开。松桃县残联党组书记、理事长吴胜发主持会议。贵州省松桃县残联、重庆市秀山土家族苗族自治县残联、湖南省花垣县的残联理事长、副理事长以及康复股、劳动就业股、宣文股、法律援助中心的负责人参加了会议。

2009年9月14日，渝、湘、黔三省（市）少数民族边区平安建设司法行政协作启动会于在秀山县隆重召开，会议讨论通过了《渝、湘、黔少数民族边区平安建设司法行政办法》，秀山、花垣、松桃三县司法局长在《协作办法》上郑重地作了签字；同时还宣布了"秀山土家族苗族自治县司法局、松桃土家族苗族自治县司法局和花垣县司法局"联合下达《关于成立边区普法宣传教育工作领导小组的通知》和《关于成立边区联合调解工作指导小组的通知》。

2010年1月15日，重庆市秀山县、贵州省松桃县、湖南省花垣县三县残疾人工作者齐聚秀山县，举办首次三省市边区残联系统联谊会。

2010年6月13日，由秀山县、湖南省花垣县、贵州省松桃县三地共同举办的中国·重庆湖南贵州边区"黔龙·阳光大院杯"第二届端午民俗龙舟赛在秀山县所辖的洪安镇隆重举行，秀山县、花垣县、松桃县三县县领导莅临现场观看比赛。

2010年6月，湖南省和贵州省推行精品旅游线路，贵州铜仁机场开通，并将铜仁机场命名为：铜仁（属于贵州省铜仁市）·凤凰机场（属于湖南省湘西州），做大做强渝湘黔结合部的黄金旅游线路，实现旅游无障碍合作。

2011年1月15日下午，渝湘黔三省（市）边区2011年春节团拜会在秀山开幕，重庆市秀山县、湖南省花垣县、贵州省松桃县、贵州省印江县四县领导在会上致辞，交流各县的建设成果，规划各县进一步团结协作的工作方向，相叙情谊，共谋发展。秀山县县委书记代小红在渝湘黔三省市边区2011年春节团拜会上建议，共同打造渝湘黔结合部的黄金旅游线路[①]。

2009年以后，洪安（属于秀山县）、边城（属于花垣县）、迓驾（属于松桃县）三镇累计投入建设资金近3亿元，对文化旅游资源进行了有机整合和合理规划布局，同步启动和配套打造"三大工程"，即边城的旅游景点工程、洪安的旅游吃住行工程、迓驾的边贸民俗工程，强力推动三镇向商旅强镇迈进的步伐。

---

① 杨兴云："冤家"变"亲家"联手推旅游［N］.重庆商报，2011年1月17日.

2011 年 5 月 25 日，在环保部环境监察局和湖南、贵州、重庆三省（市）环保部门的共同推动及见证下，"锰三角"地区三县人民政府签订了《"锰三角"区域环境联合治理合作框架协议》。

2011 年 6 月将举行的龙舟赛上，重庆市秀山县、湖南省花垣县、贵州省松桃县将"三省同唱一首歌"，由此拉开渝湘黔联手打造旅游"金三角"的序幕。

2011 年 12 月，"锰三角"三县召开了三县残联工作交流会议等。在法律援助、纠纷调解、文化共享、两型发展等方面实现了和谐共赢，三县决定以轮流承办春节联欢晚会等形式，促进文化交流，增进民族团结。

2012 年 1 月 4 日下午，湖南省花垣县与重庆市秀山土家族苗族自治县、贵州省松桃苗族自治县在三县在边城景区"三不管岛"召开共建景区工作协作会，联合签署了《三县共同打造中国边城旅游景区框架协议书》（以下简称《旅游框架协议》），这是三县多年来在区域环境治理之外开展协作的又一成果。《旅游框架协议》"三不管"变成了"三要管"，协议规定，建立三县旅游工作联席会议制度，成立以县长为组长的中国边城旅游景区工作领导小组，共同编制中国边城旅游景区建设性详细规划。花垣县委书记彭益说："花垣、秀山、松桃三县处在各自的省份的边沿地带，经济发展相对落后，三县创新合作机制，拓展合作领域，发挥各自优势，破解了地理局限和行政区域限制，能够实现互利共赢，共同打造中国边城旅游"。

2012 年 1 月 20 日，湖南花垣、重庆秀山、贵州松桃 3 县在花垣县边城图书馆联合举行 2012 年春节联欢晚会，并在会上签署《共同打造中国边城旅游景区框架协议》。

2012 年 4 月 26 日，为有效推进"武陵山经济协作区"建设，建立渝鄂湘黔边区大劳务就业协作理念，切实加强渝鄂湘黔边区劳务就业协作，畅通人力资源信息渠道，推进渝鄂湘黔边区人力资源信息化建设，促进人力资源合理有序流动，共同推动城乡统筹就业工作再上台阶，"渝鄂湘黔边区劳务就业协作座谈会"在酉阳召开。重庆市就业服务理局、重庆市经信委、重庆市西永微电园管委会、富士康科技集团公司有关负责人参加座谈会。

二是在采取多种方式推进区域旅游、文化、产业结构一体化进程。"锰三角"三省（市）地方政府采取"主动合作""联合申报"等方式，共同推动"武陵山区连片规划带"的申报和建设。

（5）地方政府间的关系质量

伴随着区域环境治理的成效逐渐凸显，"锰三角"三县地方政府间的合作、沟通、承诺机制逐渐形成。

2011 年 5 月 25 日，在环保部环境监察局和湖南、贵州、重庆三省（市）环保部门的共同推动及见证下，"锰三角"地区三县人民政府签订了《"锰三角"区域环境联合治理合作框架协议》。

2011 年 11 月 26 日，由重庆、湖南、贵州三省（市）联合申报的"武陵山区连片规划带"得到国家批准，国家将对该区域内的矿产资源整合、旅游开发、扶贫开发、区域一体化发展提供政策支持和财政支持。

2011 年 12 月，"锰三角"三县召开了 3 县残联工作交流会议等。3 县决定以轮流承办春节联欢晚会等形式，促进文化交流，增进民族团结。

2012 年 1 月 20 日，湖南花垣、重庆秀山、贵州松桃 3 县在花垣县边城图书馆联合举行 2012 年春节联欢晚会，并在会上签署《共同打造中国边城旅游景区框架协议》[1]。

（二）"整合推进"阶段环境治理绩效——"合作困境"的逐步消解

1. "整合推进"过程中"锰三角"区域环境治理绩效——由"久治不愈"走向"成效显著"

（1）环境质量方面

从前文的分析中看出，从 2009 年开始，在中央政府和上级政府新的环境治理策略和考核方式下，"锰三角"三县地方政府在区域环境治理上力度加强，从被动合作转向主动合作治理，在积极推动区域环境治理的同时，加大区域内旅游、文化等其他事物的合作，最终使得区域环境治理困境得到不断的突破，"锰三角"区域环境问题由"久治不愈"转向"成效显著"。见表3-7所示。

在水质方面，在"整合推进"过程中，经过 3 年的多次的专项治理，"锰

---

① 杨兴云："冤家"变"亲家"联手推旅游［N］.重庆商报，2011 年 1 月 17 日.

三角"电解锰企业整合力度加大，产业结构得到调整和优化，3 省（市）交界区域的环境质量发生根本性的变化，根据湖南花垣县和贵州铜仁地区环保部门提供的监测数据显示，清水江水质已明显改善，翠翠岛和虎渡口电站断面的总锰、氨氮、六价铬浓度均达到地表水环境质量 Ⅲ 级标准，满足地表水 Ⅲ 类水域水体功能区划要求。

表 3-7 "整合推进"过程中清水江水污染质量方面的变化

类型		整治前	整治后	
水质		重金属离子含量下降，逐渐接近 Ⅲ 类地表水水质标准	稳定在 Ⅲ 类地表水水质标准，环境得以恢复，居民可以洗菜、洗澡等	
大气质量		二级天数约 235 天左右	二级天数约 285 天左右	
除尘、废水处理设施		除尘、废水处理设备设施基本上齐采取废水循环利用工艺	全面落实"三同时"制度，不达标决不允许生产	
锰渣利用		没有得到深加工、资源化使用	锰渣变废为宝：新型工业水泥、地板装、建筑空心砖等产品	
三县环境监测站建设		三县环保部门工作人员平均约 30 人	三县环保部门专业人才比例提高，平均约为 50 人	
三县锰矿企业数量变化	秀山县	电解锰企业、锰粉厂、矿山约 60 家	电解锰企业 17 家锰粉厂 23 家	继续整合计划：电解锰企业整合至 5—7 家；锰粉厂整合至 2—5 家
	花垣县	电解锰企业、锰粉厂、矿山约 70 家	电解锰企业 15 家电解锌企业 16 家	继续整合计划：电解锰企业整合至 5 家；电解锌企业整合至 4—5 家
	松桃县	电解锰企业、锰粉厂、矿山约 70 家	电解锰企业 18 家锰粉厂 16 家	继续整合计划：电解锰企业整合至 3—5 家；锰粉厂整合至 2—5 家

资料来源：根据实际调研和访谈中获得的资料整理。

在污染治理资金方面，2009 至 2012 年，三县累计投入治理资金近 7 亿元，用于企业环境治理和技术革新，42 家电解锰企业全部实现在线监控，清污分流，废水循环利用和处理后达标排放。数据显示，2010 年三县电解锰行业废气中减少二氧化硫排放量 480 吨；废水实现了循环再利用，减少废水排放量 750 万吨，减少总锰排放量 3400 多吨，减少六价铬排放量 30 多吨，减少氨氮排放量 1200 多吨[1]，每吨锰产品的平均新鲜水消耗量由 20 吨降至 3 吨以下，电消耗量由 8000KW/h 降至 6800KW/h 以内。按 2007 年三县实际生产 45 万吨电解锰计算，全年节约新水用量 765 万吨，节约电量 5.4 亿 KW/h，节约原煤用量 1.2 万吨。按以上数据测算，每吨电解锰直接生产成本下降 1000 元 / 吨左右[2]。

在环境检测能力方面，三县环保部门工作人员由 2004 年的 80 人增加到 2008 年的 124 人，专业人才比例继续提高，由 2006 年的 7% 提升到 2011 年的 40%，县环境监察大队达到二级标准化建设，环境监测站达到三级站建设。

"不光是我们，这几年我们几个县环境部门可能是人数最多的单位了……我们局现在有职工 50 人，这是以前想都不敢想的事情，专业人才多了，检测设备全了，对问题处理的能力和效率就加强了……"[3]

（2）中央政府满意度

2010 年 6 月 12 日，由国家环保部组织的湘、黔、渝"锰三角"环境保护合作联防联控座谈会在花垣县召开。松桃、秀山、花垣 3 县人民政府共同签署《"锰三角"区域环境联合治理合作框架协议》，就"锰三角"地区建立和完善环境污染联防联控机制达成共识。

2011 年 4 月 14 日，国家环保部环境监察局副局长曹立平一行 12 人，在花垣县边城镇、两河乡等地和东锰集团、文华锰业等企业进行环保督查，对该县环境综合整治工作给予肯定，勉励花垣完善机制、巩固成果，为提升"锰三角"区域环境质量做出新贡献。

2011 年 10 月 30 日，国家环保部环境监察局局长邹首民在湘黔渝"锰三角"区域环境综合整治督查工作会上，高度肯定了贵州松桃县锰污染治理成效。他指出，贵州在"锰三角"污染整治工作上，落实了各项整治要求，保

---

① 陆新元：区域环境综合整治"锰三角"模式的启示［J］.环境保护，2009（1）：26—29.
② 根据访谈中获得的内部汇报资料整理。
③ 访谈记录 XS—01。

持高压态势，采取了强有力措施，加大整治力度，治理成果得到了有效巩固，出境断面水质有了明显改善，"锰三角"治理工作达到了预期目标，取得了阶段性的胜利。邹首民要求，"锰三角"涉及的贵州松桃、湖南花垣、重庆秀山三个县要保持高压，强化监管，巩固现有成绩，实现污染源达标排放和省际交界断面水环境质量"稳定双达标"，不断加快产业结构调整步伐，真正让"锰三角"突破"粗放型"发展的旧模式，走上可持续发展道路。

2012 年 5 月 24 日至 26 日，温家宝总理在湖南省湘西州、花垣县调研，充分肯定了清水江水污染治理成果，并对"武陵山区连片规划带"建设提出了具体的指导意见。

（3）公众满意度

从 2010 年开始，清水江水质逐步变清，天变蓝了，花垣县边城镇、秀山县洪安镇、松桃县迓驾镇居民开始在清水江边洗菜、洗衣，洗澡，并开始充分发挥少数民族文化和特色，发展特色旅游，共同做大做强"边城旅游"。其中，洪安、边城、迓驾三镇累计投入建设资金近 3 亿元，对文化旅游资源进行了有机整合和合理规划布局，同步启动和配套打造"三大工程"，即边城旅游景点工程、洪安旅游吃住行工程、迓驾边贸民俗工程，强力推动三镇向商旅强镇和民族旅游特色镇迈进的步伐。

（4）上级政府满意度

贵州省环保厅党组书记、厅长郭猛表示，贵州省将按照环保部的总体要求，从"巩固、提升、推广"着手，做好四方面的工作[①]。

一是以长期稳定达标排放为总体目标，巩固治理成果，继续执行驻厂监察、联防联治、每日一测一报的工作制度，继续加大对荣鑫渣场、老卜刺水井、文山水井三个污染源污水处理站运行的监管力度，切实保障（清水江）出境断面水质达标。

二是加快产业结构调整，提升规范化管理水平，整合现有的 9 家电解锰企业为 2–3 家，实现松桃锰行业集约化、规范化的可持续发展。

---

① 资料来源：调研中获得的内部资料《从黑到绿的涅槃——贵州省松桃县锰污染环境综合整治攻坚纪实》。

三是严格执行《锰三角区域环境联合治理合作框架协议》，共同做好"锰三角"区域污染的联防联控。

四是在全省推广松桃县锰污染整治经验和做法，用"松桃模式"全面规范全省电解锰行业的监管，提升电解锰企业的环保工作水平。

（5）地方政府满意度

随着"锰三角"清水江环境治理绩效的凸显，三县地方政府对合作治理的积极性、态度发生了明显变化，尤其是《"锰三角"区域环境联合治理合作框架协议》的签署，地方政府之间在区域环境治理中的地方政府间信任、沟通、承诺机制得以形成，有效地推动了该区域环境治理绩效向常态化方向转变。另外，"锰三角"三县地方政府结合自身所处武陵山区的特殊地理位置，积极推动"武陵山区"区域经济一体化进程。

2011 年 5 月 25 日，在环保部环境监察局和湖南、贵州、重庆三省（市）环保部门的共同推动及见证下，"锰三角"地区三县人民政府签订了《"锰三角"区域环境联合治理合作框架协议》（以下简称《框架协议》）。《框架协议》从区域环境保护定期联席会商机制、区域环境污染联防联控长效机制、跨界生态环境事故协商处置机制等方面提出了合作要求，促使地方政府在区域环境治理中形成"共防、共治、共建、共享"的良好合作局面。

2. "整合推进"过程中地方政府间合作困境得以突破的路径

从论文第三章第四节的分析可知，在"整合推进"过程中，"锰三角"区域环境治理中地方政府间合作治理困境的形成经历了以下过程（见图 4–3 所示）。

（1）针对"整顿关闭"过程中出现的四个不满意结果，中央政府及时调整了整治方式和策略，由"光治理不生产"的运动式治理方式转向"以奖代惩"的激励式的治理方式。

（2）在清水江先后建立 3 个国家级水质全自动监测站，将该区域水质监测纳入国家检测序列。

（3）多次召开两省一市的协调会议、座谈会以及督查会，促进地方政府间加强合作交流。

（4）在国家环境监察局和三省市环保部门的见证下，"锰三角"地区秀山、花垣、松桃三县人民政府签订了《"锰三角"区域环境联合治理合作框架协议》，共同做好"锰三角"区域污染的联防联控。

（5）邀请中国环境科学院、浙江大学、重庆大学、中山大学等科研机构参与，共同解决锰渣和尾库设计问题。

（6）地方政府间在环境治理问题上态度趋向积极，共同推进县域电解锰产业整合和升级，水污染治理效果日益明显，受到上级政府和群众的肯定。与此同时，三县的合作范围逐步扩大，由区域环境治理向旅游一体化、区域一体化方向演进。

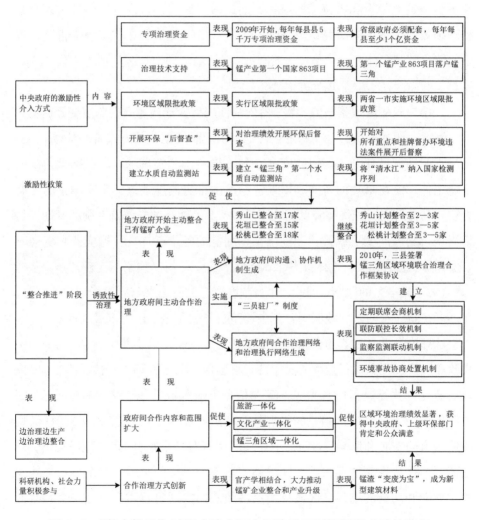

图3-3 "整合推进"过程中清水江水污染治理困境逐渐突破的路径

（三）"整合推进"阶段环境治理取得绩效的原因解析

通过"锰三角"区域环境治理的第三个阶段——"整合推进"过程的分析可以看出，在"整合推进"过程中（2009—2012年），面对"整合关闭"过程中出现的"四个不满意结果"，区域环境治理的各个行动者——中央政府、地方政府都及时调整了介入行为和合作治理方式，尤其是《"锰三角"区域环境联合治理合作框架协议》（以下简称《框架协议》）的签署，使得该区域环境治理走上稳定和可持续的道路。通过前文对"整合推进"治理过程及其治理绩效的阐述，本研究认为"锰三角"区域环境治理在"整合推进"过程中能够突破"集体行动困境"，使得该区域环境治理由"久治不愈"到"成效显著"的原因在于以下几个方面。

1. 中央政府治理策略的调整：由强制性制度变迁向诱致性制度变迁转变

制度变迁理论认为，在一定条件下，引起制度变化的方式有两种情形：一种是强制性制度变迁，即由政府命令和法律引入和实现的，它以国家为制度变迁主体，能在最短的时间和以最快的速度推进制度变迁，它靠国家的强制力和"暴力潜能"的优势降低制度变迁成本；另外一种是诱致性制度变迁，是指当现行制度的变更或替代，围绕某一利益的各个群体，在响应获利机会时自发倡导、组织和实行（林毅夫，2000）[①]。由于任何一项制度变迁都必须坚持"收益大于成本"的原则，因此，作为制度变迁的各个参与者对于利益的定位，并逐渐在新一轮的区域政府间合作中调整自身的角色，以寻求最大的利益。

从理论上讲，有效的强制性制度变迁主要取决于以下几个因素：第一，中央政府决策过程和执行过程的民主性、科学性、公正性和规范性；第二，中央政府有完全执行决策的能力，不存在信息不对称或其他干扰因素；第三，中央政府作为全社会公共利益的代表具有超然性和绝对的公正性，不受任何集团或个人的左右和影响；第四，中央政府拥有对整个社会的调控力和影响力。然而，但是从现实情形来看，区域环境治理是一个中央政府和多个地方政府利益博弈和均衡的结果，区域环境治理绩效的实现过程本身就是一个利益调

---

① 林毅夫：关于制度变迁的经济学理论：诱制性制度变迁与强制性制度变迁［M］.上海：上海人民出版社.1994年版，第378页.

整和再分配的过程，而强制性制度变迁违反了"一致同意"原则，因此，中央政府出台的一些治理政策对整个社会或对某些人有利而对另一些人不利的制度供给就会引起单个地方政府对该种治理方式的不满和抵触。即使是中央政府为了全社会的公共利益而推进强制性的制度变迁，但由于信息的不对称、有限理性和有限决策等情形的存在，从而产生中央政府利益和地方政府利益之间的冲突，致使中央政府调控政策失灵。

通过本章第三节和第四节有关"整顿关闭"过程（2005—2008 年）和"整合推进"过程（2009—2012 年）内容的阐述，可以发现在这两个治理阶段中央政府的治理策略、治理行为、治理理念、治理特征均存在较大差异，前者是一种强制性的制度变迁过程，而后者是一种诱致性的制度变迁过程，这两种制度变迁方式带来了截然不同的环境治理效果，见表 3-8 所示。

表 3-8 "整合推进"过程中中央政府调控策略变化

内容	在"整顿关闭"过程中的行为和策略	在"整合推进"过程中的行为和策略
制度变迁方式	强制性制度变迁方式	诱致性制度变迁
治理策略	以"运动式"治理为主，掀起"环保风暴"和"铁腕治理"	以"激励式"治理为主，采取"资金激励"＋"环境绩效考核"
治理方式	"先治理再生产""光治理不生产"	"边治理边生产""边治理边整合"
治理范围	仅限于"锰三角"地区	重庆西阳县、湖南湘西州、贵州铜仁地区纳入
治理资源投入	以整顿关闭政策为主，治理资金为辅	"以奖代惩"激励式方式，实施"治理政策＋专项资金＋技术援助"多种治理资源投入
中央政府角色	强力介入，直接监督	直接监督＋参与治理＋治理绩效评估＋经验总结
治理绩效	治理初期有立竿见影的治理效果，但是不稳定，后期出现治理困境	治理效果具有稳定性，治理范围扩大、地方政府间协作治理机制形成、区域一体化初步实现
地方政府的合作治理态度	被动的合作治理，被动参与者	积极合作治理，主动合作治理；积极参与者、倡导者

2. 地方政府态度的转变：由被动合作转向主动合作治理

社会资本理论认为当环境的负责性超过组织个体能力的时候，为应对这种不确定性的环境，需要在组织内部或者组织之间发展出暂时性或者永久性的社会网络关系，组织会努力获得一些被其他组织所控制的资源来减少不确定性和不利影响，从而获得较高的社会声望，彼此创造出信任、互惠、承诺等社会关系，并在不同区域间或者政府之间形成联合治理的动因，并直接催化有效率的集体行动。[①]

（1）官员激励结构的变化

自 20 世纪 80 年代以来，我国地方政府官员的选拔和晋升的标准由过去的政治指标向经济指标转变，这种以 GDP 为核心的政绩考核机制必然在区域环境治理中地方政府间的协调带来负面的影响[②]，在地方政府官员为 GDP 和利税等经济指标不断竞争的环境条件下，区域环境质量这个公共产品是无人来提供的，地方政府间为提高区域环境治理绩效的努力只是一种外部的需求（周黎安，2007）。2009 年松花江污染事件直接导致了我国环保总局局长的引咎辞职，这种官员问责机制所传递的官员激励机制的变化深刻反映了我国环境治理战略的转变，当环境治理绩效成为官员的考核指标时，为实现这种转变而进行的合作或者协调就成为地方政府的一种内生需求。因此，在"整合推进"过程中，在中央政府"财政激励 + 环保绩效考核"的双重压力下，"锰三角"三县地方政府不得不谋求转型，由电解锰产业"一支独大"向"锰产业 + 旅游开发 + 新兴产业 + 区域一体化"方向转变。

（2）合作治理成本的变化

交易费用理论假定各个交易方是寻求交易成本最小化、收益最大化的理性决策者[③]。由于隶属于不同的地区和部门，在区域环境治理过程中，地方政府间合作治理首先要面临合作治理成本和合作治理收益的比较：当合作治理成

---

① 陈瑞莲，任敏：中国流域治理研究报告［M］.上海，上海人民出版社.2011 年版，第 62 页.

② 周黎安：中国地方官员的晋升锦标赛模式研究［J］.经济研究，2007（7）：36—50.

③ 封慧敏：地方政府间跨地区公共物品供给的路径选择［J］.甘肃行政学院学报，2008（3）：107—110.

本大于合作收益时，合作治理行为就会受到限制或者说这种合作治理行为是无绩效的；当合作收益大于合作治理成本时，有效率的合作治理行为才会发生和具有可持续性。

在"整合推进"过程中，"锰三角"三县地方政府之所以能够有效地开展合作，一方面原因来自中央政府的环保考核压力，另一方面则来自合作治理成本的减少以及合作治理收益的扩大，有前面分析可知，中央政府自 2009 年开始给予每个县每年 5000 万的专项治理资金有助于减少地方政府对于治理资金匮乏的顾虑，与此同时，环境质量变化带来旅游收益的提高更是直接推动了三县主动寻求扩大合作治理范围，将区域内的就业、文化、科技纳入合作范围中，进而寻求推动区域一体化进程，"武陵山区连片规划带"得到国家批准就是一个很好的例证。

3. 有效率的合作治理机制对地方政府间合作治理行为提供了约束和制衡

机制设计理论认为对规制者和被规制的目标约束、信息结构和可选工具进行描述和设计，在此基础上分析双方的行为和最优权衡，可以为政府在现实的约束条件下设计最优的规制政策提供理论指导和可行工具。在这一过程中，治理机制不必看成是给定的，而是未知的、可设计的，并且在一定的标准下可以研究和比较各种激励机制的优劣[1]。概括地说，机制设计理论所讨论的问题是：在一个信息不完全的社会，对于任何一个想要达到的既定目标，在自愿选择、自由交换的分散化决策条件下，能否并且怎样设计一个机制使得经济活动参与者的个体利益和设计者既定的目标一致，即每个个体主观上追求利益时，客观上也同时达到机制设计者既定的目标[2]。

2010 年 06 月 12 日，由原国家环保部组织的湘、黔、渝"锰三角"环境保护合作联防联控座谈会在花垣县召开。松桃、秀山、花垣 3 县人民政府共同签署《"锰三角"区域环境联合治理合作框架协议》（以下简称《框架协议》），《框架协议》从区域环境保护定期联席会商机制、区域环境污染联防联控长效机制、跨界生态环境事故协商处置机制、信息季度通报机制、实行河长、河

---

① 汪秋明：新规制经济学研究述评 [J].经济评论，2005（4）：118—123.

② 龚强：机制设计理论与中国经济的可持续发展 [J].西北师大学报（社会科学版），2008，45（2）：109—113.

段环境质量负责制，实施流域停产制度等方面提出了合作治理的要求，为"锰三角"三县共同研究解决区域性和跨界性生态环境问题，建立和完善环境污染联防联控机制达成了共识。而"整合推进"过程中"锰三角"清水江环境治理的绩效也充分证明，上述合作治理机制的实施不仅使得该区域地方政府间形成了"共防、共治、共保、共建、共享"的良好合作局面，也有利于地方政府间利益协调能力、信息沟通能力、危机处理能力、资源整合能力、联合执法能力有了新的突破和提升，也有利于地方政府间信任、沟通和承诺等关系资产的培育，更是对地方政府间的合作治理提供了一种制衡和约束。因此，合作治理机制的形成和实施和"锰三角"清水江环境治理中发挥了多维的作用。

4. 科研机构的参与为"锰三角"清水江流域环境治理提供了科技支撑

区域环境治理是一个多元治理主体共同参与的过程，不仅需要专业的体制内的官僚，更需要体制外拥有专业知识的科研院所和专家的智力支持，只有不排斥每一个可能发挥作用的治理主体，并将其纳入区域环境治理的网络，区域环境才能取得较好的治理绩效。科学技术是第一生产力，这一论断在"锰三角"清水江流域环境治理过程中再次得到体现。

在"整合推进"过程中的治理绩效也充分证明，正是由于科研院所、专家的技术支持，"锰三角"清水江流域环境治理才能突破前一个阶段——"整顿关闭"过程中出现的锰渣处理、企业选址等技术难题，科学技术的强力支撑也极大地促进了该区域电解锰产业整合、产品升级、电解锰渣再利用，实现了电解锰产品的精深加工，并研制出以锰渣、废料为原料的新型装饰材料、地板砖、建筑水泥等新产品，在提高锰产品的科技含量，实现了清洁生产和新型工业化的道路。

五、小结

本章采用了"解构—分析—综合"的分析方法对研究案例进行了"深描"，详细阐述了清水江流域水污染治理的缘起和环境治理绩效的动态演进进程，来帮助我们厘清和有效界定在清水江流域水污染治理中中央政府、地方政府、居民、环保组织等各个行动者的行为和策略是如何影响该地区环境治理绩效的；该地区环境治理过程中各个行动者之间的集体行动困境是如何产生的，并通过什么样的方式来逐渐突破区域环境治理中集体行动困境的；在清水江流域水污染治理过程中，各个行动者如何互动使得区域环境治理绩效得到逐步实现的。

从本章的分析中可以看出，清水江流域水污染污染治理经历了"自发治理""整顿关闭""整合推进"三个阶段，治理效果从"久治不愈"到取得"治理绩效"，在这历时 12 年的曲折治理进程中，无论是在"自发治理"阶段还是"整顿关闭"阶段，都遭遇到了从"一维"到"二维"的种种合作困境。而生成这些困境的根本原因，例如，地方利益的保护、政治晋升的压力、现行条块行政体制的分割、操作平台的乏力、自上而下绩效考核的掣肘等，在当前我国区域环境治理中都普遍存在，仅凭单个地方政府是无法阻止合作困境的生成。另一方面，区域环境污染治理的紧迫性又要求地方政府要有所为，如何突破这些治理困境，地方政府间如何互动才能在这些困境中有所作为呢？显然，在清水江流域水污染治理的第三个阶段——"整合推进"过程中的各个利益主体的治理行为及其治理绩效能够提供较好的解释，即流域环境治理是一个复杂的博弈过程，地方政府间合作治理关键是要在一个充满交易成本和大量偏好的状态下寻求非均衡的突破。这种非均衡的突破短期内必然是来源于区域行政合作偏好，而长期中则取决于政府主体和区域市场主体的相互作用和集体理性，而取得突破的关键就在于"合作治理网络的生成"和"合作执行网络的生成"。另外，本章还应用公共管理相关理论对其合作困境的生成机理及其背后的原因进行了阐述，从纵向和横向两个维度，对清水江流域水污染治理制度实践过程中的代表性事件以及各个行动者之间的策略选择加以详细的叙述和分析，深入探析影响区域环境治理绩效的关键因素以及运作困境背后深层次的原因，为下一章对比分析清水江流域环境治理中各个因素及其运作逻辑、方式提供了较好的分析基础。

第四章 清水江流域三个治理阶段的比较分析

前面一章应用"解构—分析—综合"的分析方法对"锰三角"清水江流域环境治理这样一个特定的"麻雀"进行了剖析,本章将在上一章的基础上来系统比较在清水江流域环境治理三个阶段中各个行动者之间是如何互动影响的,为什么第一次协作中(2000-2005)陷入了集体行动的"一维困境",在第二次合作中(2005-2008)虽然历经3年,但中难有实质性产出,使得地方政府间合作治理陷入了集体行动的"二维困境";在第三次治理过程中,虽然地方政府间协作程度、协作意愿加深,治理取得非常好的效果,但仍然存在不稳定的因素。因此,本章将基于清水江流域环境治理的三个阶段,从合作平台、参与网络、行动者、合作过程这四个维度进行对比,进而深入挖掘和提炼影响合作治理困境生成和流域环境治理绩效的关键因素以及更为微观的一些治理特征,进而厘清流域环境治理中各个影响因素的运作逻辑、方式和机制,为下一章的清水江流域环境治理特征的分析总结提供分析基础。

具体来讲,本章的研究研究内容分为5个小节来阐述:其中,前面四个小节分别从"治理平台""参与网络""行动者""治理过程"对清水江流域环境治理中的地方政府角色、职能部门参与、合作治理网络、中央政治权威态度、介入方式、社会力量参与等方面进行深入比较,这四个小节内容相互支持、互相联系,即通过四个小节的内容,来有效区分影响流域环境治理绩效的因素,来展现清水江流域环境治理绩效的动态实现过程;最后一小节进行简要总结。

一、清水江流域环境治理中的行动舞台对比

行动舞台是提出政策问题、酝酿政策方案、作出政策选择、制定政策内容的正式官僚组织与机构[①]。在流域环境治理过程中，各级政府组织是最重要的行为主体，也是合作过程的组织基础和制度框架。它们的重要性体现在环境治理过程中享有较大的政治权力，而市场力量和社会组织力量都要依赖政府进行具体的治理行为和合作行为，因此，行动舞台决定着流域环境治理的每一个阶段和治理成效。"锰三角"清水江流域环境治理的三次进程的行动舞台都是"锰三角"三县政府和环境管理部门，但是在"锰三角"清水江流域环境治理进程中发挥的作用是不一样的。

（一）地方政府的合作态度和扮演角色比较

从前面一章的分析可以看出，"锰三角"地区的秀山、花垣、松桃三县政府分别是在中央和省政府的宏观调控之下，根据地方政府的实际情况，做出的各项促进本地区经济发展和社会发展的决策，但是三县地方政府在三个阶段的治理进程中扮演的角色不同，发挥的作用不一样，从而产生了不同的环境治理效果（见表4-1所示）。

表4-1 清水江流域水污染治理进程中地方政府的角色对比

类型	"自发治理"过程	"整顿关闭"过程	"整合推进"过程
合作态度	态度被动	态度消极	态度积极
参与角色	"被动参与者"	"消极参与者"	"组织者"
	"竞争者"	"响应者"	"倡导者"

资料来源：根据文献和调研资料整理。

1. 在"自发治理"阶段，秀山、松桃、花垣三县政府主要扮演了"被动参与者""竞争者"的角色

一是"被动参与者"角色。在2000到2005年，面对良好的经济形势，

[①] 蔡岚：缓解地方政府间合作困境的路径研究——以长株潭两次公交一体化为例 [D]. 中山大学，2011年，61页.

锰矿石和矿产品价格持续走高，单个地方政府的最优策略是充分利用资源禀赋优势，抓生产、促发展，提高县域经济的竞争力和实力，加之区域性环境问题的特殊属性，大家都有搭便车的效应，因此，采取的是漠视或者被动的合作态度，以至于中央政府派人前去督查，都采取的是"捂盖子"策略①，"光污染不治理"，造成清水江流域环境迅速恶化，造成后面多次大规模群体性事件的爆发②。

"给你讲个当时流行的段子，有一家企业的老板是湖南人，他在松桃（属贵州省）开了个锰粉厂，但是他又在江（清水江）对岸花垣（属湖南）买了一块地用来堆放锰渣，由于秀山（属重庆）交通便利，这个老板的公司总部就设在秀山，可是锰渣被雨水冲入清水江，造成清水江污染，你说是贵州污染的，贵州说是重庆污染的，重庆又说是湖南污染的，到底是谁污染的，谁也说不清……"③

"我们那时候都是国贫县，大家都好不到哪里去，怎么治？大家可能都有一起治理的念头，可是在工作层面就不行，你要求关闭我们的企业不是在阻挠我们发展吗？……"④

二是"竞争者"的角色。由于三县分别归属于两省一市，从行政区划来看，处于绝对的行政分割状态，锰矿业均为三县的支柱产业，都在大力发展锰矿业，都在出台优惠政策招商引资，互相竞争，甚至采取竞争到底策略，以致出现哪边政策条件好，企业就跑那边的情形。

"说我们消极治理是不对的，那时候我们关了好多家无证、非法生产的，可是我们关了它，它就跑到对面（松桃、秀山）去了，而且还成了上游……"⑤

---

① 阳敏：剧毒水污染的"民间解决"［J］.南风窗（上），2005年第7期，46—51.
② 陆新元："锰三角"：探寻区域环境综合治理之路［J］.环境保护，2009（4）：16—19.
③ 访谈记录HY—01.
④ 访谈记录HY—01.
⑤ 访谈记录XS—01.

"再说了，你以什么量（产量）来关闭？我们这边的基础好一些，当时引得时候都是万吨左右的，他们那边的就不一样了，啥子标准的都有，要说关闭它就跑到那边去了……"①

2. 在"整顿关闭"过程中，三县政府扮演了"被动参与者"的角色

通过第三章第二节的分析可知，在"锰三角"污染治理引发持续性的大规模群体性以后，中央政府在2005-2009年先后实施了以《湘黔渝三省市交界地区锰污染整治方案》《湘黔渝三省市交界地区电解锰行业污染整治验收要求》以及以生产能力等为依据"倒计时分时段"的整治计划，虽然，在短期"锰三角"环境治理取得很大效果，但是治理效果却极不稳定，以致生成了"地方政府不满意""中央政府不满意""企业不满意""公众不满意"的四个不满意合作困境。究其原因，在于中央"运动式"的介入方式、"只治理不生产"的整顿方式，虽然秀山、花垣和松桃三个地方政府之间的合作治理态度由"被动合作"转向"积极合作"，但是大家都是表面上都积极支持中央的治理计划，实际上在流域环境治理中地方政府间合作治理的三个维度：合作治理的态度、治理资源的投入能力、合作治理能力方面作用不大，致使"整顿关闭"过程的真实治理绩效在几次溃堤事件中显现出来②。

3. 在"整合推进"过程中，三县政府开始扮演"组织者"和"倡导者"的角色

一是"组织者"的角色。针对"整顿关闭"过程中锰三角地区环境治理效果的反复性和不稳定性，中央政府在2008年以后开始调整介入策略，采取了激励性的介入策略③，每年近1个亿的专项治理资金打消了地方政府的顾虑，

---

① 访谈记录 HY—01.

② 由于在"整顿关闭"过程中，各县在执行国家关闭政策的力度不够，都尽可能最大限度地保护本地区企业发展，关小留大，但是对于企业的锰矿尾矿问题一直没有给予充分重视，致使后来发生多次溃坝事故。

③ 2009年4月，环保部在湘渝黔交界"锰三角"地区环境综合整治座谈会上表示，将从2009年起的今后五年内，加大对该地区环境治理的支持力度，从中央财政集中的排污费资金中每年为"锰三角"花垣县、松桃县、秀山县每县每年安排中央投资5000万元，地方政府还将予以专项资金配套，每个县每年的治理资金至少一个亿。

地方政府才积极主动推进锰矿资源整合。

二是"倡导者"角色。中央的持续关注和激励方式的变化，使得地方政府之间、地方政府官员之间产生了稳定的政治预期，促使地方政府之间开始采取积极主动的合作方式和策略，甚至主动治理的策略，来推动该地区环境治理，最终实现了环境治理绩效的稳定性局面，使得"锰三角"清水江环境污染问题由"久治不愈"到治理绩效的"动态实现"。甚至，在2010年以后，重庆酉阳县、贵州铜仁地区、湖南湘西州都主动加入到区域经济一体化过程中，最终促使了"武陵山区连片规划经济带"获得国家的批准。

（二）职能部门的参与度比较

流域环境治理是一个复杂的系统性问题，需要多个地方政府、多个职能部门的共同参与，在清水江流域环境治理的三个阶段，环境管理部门也从单一的环保部门转向多个部门的联合治理（见表4-2所示）；

在"自发治理"过程中，秀山、花垣、松桃三县地方政府之间的合作仅限于县级政府以及环保局之间极为有限的互动，由于行政区域分割，地方政府间协调十分困难，甚至出现了"隔界远视"而不敢"前进一步"的情形。

"2004年11月10日，花垣县县领导M和村民代表一道去上述地段了解电解锰厂的排污情况时，县长都只是站在虎渡口大桥上看贵州松桃木树乡的那两个厂子，而不敢越过贵州地界"①。

在"整合关闭"过程中，由于中央政府的强力介入，"锰三角"地区的环境治理才由县级政府上升到省（市）级政府层面，参与环境治理的部门也扩大化了，两省一市的涉水部门（水务局）、环境管理部门（环保局）、生产安全部门（安监局）开始加入该流域环境治理过程中。

在"整合推进"过程中，参与环境治理的政府部门更是逐步增加和扩大，基本设计到从省级到地区再到县级政府的各个部门，如发改委、旅游局、经

---

① 刘亚平，颜昌武：区域公共事务的治理逻辑：以清水江治理为例［J］．中山大学学报（社会科学版），2006（4）：95—98.

信委、文化局、体育局等部门全部参与进来（见表4-2所示）。

"现在基本上所有单位都参与进来了，去年我们一起举办老龄办，我们刚刚一起办联合春晚，前段时间又在准备'武陵山区连片规划带'的建设……"[1]

"把污染治好了，我们可以一起开发边城旅游综合项目，毕竟单个搞的项目看点太少，一起搞的话，规模大一些，更有吸引力……"[2]

表4-2　清水江流域水污染治理的三个阶段中管理部门的参与度对比

类型	"自发治理"阶段	"整顿关闭"阶段	"整合推进"阶段
职能部门	三县地方政府	原环保部	原环保部、财政部、发改委
		两省一市地方政府	三县地方政府政府
	三县环保局	三县地方政府政府	两省一市地方政府
		三县的环保局、水务局、安监局	三县的环保局、水务局、安监局、发改委、旅游局、经信委、文化局、体育局

资料来源：根据调研资料整理。

二、清水江流域环境治理进程中的参与网络比较

参与网络是指参与或者对合作过程造成影响的组织、团体或个人所形成的非正式关系网络。在我国流域环境治理过程中，除了体制化结构中的各级政府及直属部门，还存在其他一些因素，如它们虽然不能直接去对某一流域环境问题进行治理，但是却可以不同程度地对环境治理进程产生"加速"或者"阻滞"的影响，我们把它称之为参与网络。具体而言，本节将对影响"锰三角"清水江流域环境治理进程造成影响的组织机构、官员的个人影响力等非制度性因素进行解析，这种参与网络揭示的是正式的官僚组织和制度背后非正式的动态因素，例如有哪些人推动了清水江流域环境治理进程、他们影响力的来源、他们对环境治理造成影响的途径以及实质上对清水江流域环境

---

[1] 访谈记录HY—01.

[2] 访谈记录XS—02.

治理取得绩效起到了怎样的作用等。

从管制经济学的角度来看，根据影响决策行为的权力的大小，可以将决策者分为三个层次。

第一层是决策核心层——处于权力最高层的中央政府官员以及各部委员；这个层次的官员和委员属于全局性的领导，其决策行为能够最大程度上代表全部人群的利益，超越单个地方政府的利益限制，平衡和协调省级部门的利益冲突是其行为优先考虑的首要因素，所以能够代表环境政策中倡导的公共价值。

第二层是决策参与层——省级、市级、县级地方政府及其环境管理部门干部；这部分干部行为通常以地方利益为重。

第三层是决策影响层——不能直接参与环境治理进程、环境政策制定，但是能够从其他渠道反映其价值追求和利益追求，如媒体、环保组织、公众的关注。

从前面第 3 章关于清水江流域环境治理的三个阶段来看（2000—2012 年），正是由于参与层的不同，也直接影响了该流域环境治理的效果。

（一）核心决策层的态度比较

在"自发治理"阶段中，决策核心层的态度消极。当地方政府间协调治理困难，该区域锰渣污染问题越来越严重，只能依赖中央政府协调时，群众以"受污染群体"的名义直接给中央政府去信反映问题，但是核心决策层没有给与充分重视，致使该区域问题越来越严重，最终引发了多次大规模群体性事件，致使政府陷入了"合法性危机"[①]。

在"整顿关闭"过程中，决策核心层态度转向积极。2005-2009 年，胡锦涛主席连续批示两次，曾培炎副总理批示两次。从环保部到重庆市、贵州省、湖南省省级的各级环保部门先后赴该地区视察督导几十次，引发该区域"环境治理风暴"，虽然这种"运动式"的治理方式备受诟病[②]，但是在短期之内却

---

① 夏一仁，刘朝辉，李秋：锰污染噩梦中的边城：再访"锰三角"［N］.国际金融报，2005 年 10 月 31 日，第五版.

② 金仓：治理镉污染不仅需要"运动式"思维［Z］.人民网，2012 年 02 月 02 日.

使得该流域环境问题恶化趋势得以遏制，取得了一定的治理成效。

在"整合推进"过程中，决策核心层态度比较积极。当时，胡锦涛主席批示 1 次，温家宝总理亲自视察 1 次，李克强副总理先后批示两次，环保部部长视察两次，环保部监测司和环境监察局的官员先后视察和督导多次，以及在清水江水域建立 3 个国家水质全自动监测站并纳入国控地表水自动站检测序列。

针对在"整合关闭"过程中出现的问题，中央政府转变环境治理方式，由"运动式"转向"胡萝卜 + 大棒"式的"财政补贴" + "环境绩效考核"的激励式的治理方式①，使得该流域环境治理进程趋向稳定，治理绩效明显。而2012 年 5 月，温家宝总理在该区域的调研和视察活动，更是将该区域的发展由环境治理提升到区域一体化国家层面②。

表 4-3　清水江流域水污染治理进程中决策核心层的态度对比

类型	"自发治理"过程	"整顿关闭"过程	"整合推进"过程
态度	未重视	发起运动式治理和"环保风暴"	"胡萝卜 + 大棒"政策；"财政补贴" + "环境绩效考核"的激励式的政策
治理绩效	久治不愈	有成效，不稳定	治理效果趋向稳定

资料来源：根据文献和调研资料整理。

（二）决策参与层的构成比较

在"自发治理"阶段中，参与环境治理的部门只有花垣、秀山、松桃三个县级政府及其环保部门，并且这些部门在区域协调治理中态度消极（详细阐述见本论文第三章第二节和第四章第一节）。

---

① 以松桃县为例，2009 年 8 月，国家财政部、国家环境保护部批复松桃实施"锰三角"地区环境综合整治项目 21 个。其中，络渣库规范化整治项目 7 个，锰渣库规范化整治项目 9 个，新技术示范工程项目 3 个，矿山尾矿整治项目 1 个，河道环境综合整治项目 1 个，项目得到中央补助资金 5000 万元，企业自筹 1438 万元。

② 2012 年 5 月 3 日，温家宝总理在"锰三角"所在区域——武陵山区进行考察，充分肯定了该地区经济和环境治理取得的绩效；2012 年 5 月 28 日，国务院、国家发改委批准了"锰三角"所在区域武陵山区被纳入"武陵山区连片规划带"。

在"整顿关闭"过程中，参与环境治理的主体已由三个县级政府扩大到两省一市，并且参与范围更加扩大。

在"整合推进"过程中，参与该流域环境治理的主体持续扩大，重庆市酉阳县、铜仁地区、湖南省湘西州又被整体列入该清水江流域环境治理范围中，以及纳入"武陵山区连片规划带"（见表4-4所示）。

表4-4 清水江流域水污染治理进程中决策参与层的对比

范围	"自发治理"过程	"整顿关闭"过程	"整合推进"过程
重庆市	秀山土家族苗族自治县	秀山土家族苗族自治县	丰都县、石柱土家族自治县、秀山土家族苗族自治县、酉阳土家族苗族自治县、彭水苗族土家族自治县、黔江区、武隆县
湖南省湘西土家族苗族自治州	花垣县	花垣县	泸溪县、凤凰县、保靖县、古丈县、永顺县、龙山县、花垣县、吉首市
贵州省铜仁地区	松桃苗族自治县	松桃苗族自治县	铜仁市、江口县、玉屏侗族自治县、石阡县、思南县、印江土家族苗族自治县、德江县、沿河土家族自治县、松桃苗族自治县、万山特区

资料来源：根据文献和调研资料整理。

（三）影响层的作用比较

从清水江流域环境治理的三个阶段来看，先后有不同的决策影响层的力量参与其中。

在"自发治理"阶段中，面对清水江污染越来越严重的趋势，以及该区域地方政府协作治理乏力的局面，作为村民集体的村委员率先出场，可是由于基层组织的权力和影响力实在太小，无法取得治理效果；之后，茶桐镇隘口村村主任华如启作为政协委员以个人身份去协调，甚至沿江40余村的村干部、街道办自发成立草根环保组织"保卫母亲河组织"，由这个组织去协调，但仍然无法取得任何效果。在该区域两省一市清水江沿岸40余村基层干部"全面辞职"之后，《南风窗》《中国经济周刊》《南方周末》《中国环境报》等大量纸质媒体的报道，才使得该流域环境污染问题得到政治权威的关注，出现了治理的转机[1]；

在"整顿关闭"过程中，由于政治权威的关注和环保部门的挂牌监督，更多的一些媒体和机构参与到"锰三角"清水江流域环境治理过程中。重庆绿色志愿者联合会在 2006 至 2011 年期间，多次向重庆市环保局递交了《关于渝东南锰渣尾矿库的初步情况调查通报》，以及多份拍摄的照片，反映治理情况，促使重庆市环保局先后多次派人到秀山县锰矿企业调查；由于地方政府在政策执行过程中出现的"选择性执行"，以及部分企业继续排污导致清水江江水水质恶化情形，致使 2008 年至 2009 年该区域多次发生尾矿库溃堤事件，造成大量人员伤亡，媒体的积极报道致使中央环保部门不得不重新审视"运动式"治理的治理效果[2]；

在"整合推进"过程中，针对锰渣污染处理的复杂性，环保部同一邀请中国环科院、浙江大学、中山大学、重庆大学等科研机构参与进来，它们在电解锰产品升级、企业选址、锰渣资源化利用等方面发挥了积极作用，加速了该区域电解锰产业的整合和升级，促使电解锰产业走上精细化和新型工业化道路。

表 4-5　清水江流域水污染治理进程中决策影响层的对比

类型	"自发治理"过程	"整顿关闭"过程	"整合推进"过程
决策影响层	公众	公众、村委会	公众、村委会
	村委会	纸质和数字新闻媒体	纸质和数字新闻媒体
	保卫母亲河组织	中央电视台、地方电视台	重庆绿源环保组织
	纸质新闻媒体：《南风窗》《中国经济周刊》等	重庆绿源环保组织	中国环科院、重庆大学等

资料来源：根据文献和调研资料整理。

---

[1] 夏一仁，刘朝辉，李秋：锰污染噩梦中的边城：再访"锰三角"[N].国际金融报，2005 年 10 月 31 日，第五版.

[2] 陆新元："锰三角"：探寻区域环境综合治理之路 [J].环境保护，2009（4）：16—19.

三、清水江流域环境治理中的行动者对比

"锰三角"清水江流域环境治理过程中的行动者主要三种行动者组成：政治权威、技术力量和社会力量。

（一）政治权威的支持程度比较

要理解"锰三角"清水江流域环境治理过程中的实际，除了考虑正式的官僚组织之外，还必须进一步分析人的因素，尤其是相关政治权威的作用和影响，只有洞察和分析政治权威在其中的作用和影响，才能理解和说明合作过程中的许多现象。本研究把政治权威分成两种：一种是核心决策层的全局性官员，在本案例中主要是指中央的高层领导和地方政府的省部级高官，如本案例中涉及的国家主席、国务院总理、环保部长、财政部以及国家发展和改革委员会的干部；第二类是除了花垣、秀山、松桃三县以外的湖南省、贵州省和重庆市政府层面的干部。

从清水江流域环境治理的三个阶段来看，政治权威作用和影响十分显著，可以说"锰三角"问题从"久治不愈"到"治理取得相对成功"的每一个环节都与政治权威的影响息息相关，在本案例中，政治权威完全决定着该流域环境治理成败。政治权威的特殊作用也与我国当前"自上而下"的行政管理体制有关，权力精英起着决定性的作用。正如胡伟所论述的"领袖的一句话常常就是关键性的政策或创意，很少受决策程序和规则的限制"[①]。

在"自发合作"治理过程中，面对日益污染的环境问题，核心政治权威集体缺席，加剧了"锰三角"地区环境污染协作治理的困境，进而直接或间接导致了该地区大规模群体性事件爆发。

2004 年，当时花垣县主管工业的副县长麻剑锋还说了一句意味深长的话："要解决清水江污染的问题，要么是中央，要么是民间。"[②]

---

① 胡伟：政府过程［M］.杭州：浙江人民出版社，1998 年版，第 157 页.
② 阳敏：剧毒水污染的民间解决［J］.南风窗（上），2005 年第 7 期，46—51.

在"整顿关闭"过程中，政治权威开始介入，起到了调控设立地方政府间合作治理锰渣污染的"机会之窗"，迅速将区域问题的治理上升到国家层面，以国家意志去解决。

"上级给我们的最后通牒是：2006 年 3 月底前，必须完成当地政府承诺的整治方案要求，凡是达不到要求的企业必须关停，完不成清理整顿任务的要追究政府和有关部门行政责任，对造成重大环境污染事件的，依法追究刑事责任，大家谁也不敢掉以轻心……"[①]。

"从 2007 年开始，中央在'锰三角'污染整治中，三县都加强了惩戒制度建设，实行环保'一票否决'制，重庆市实行了党政'一把手'环保实绩考核制，把部门、乡镇'一把手'环保实绩考核结果作为领导班子调整、考察干部的重要依据，考核不合格的乡镇主要领导必须'下课'"。

在"整合推进"过程中，政治权威更是再次打开了"合作治理之窗"，加速了该地区环境治理中地方政府间的互动和协作程度。

2009 年 6 月，环保部在河北省北戴河举办"锰三角"地区党政领导干部环保培训班。本次培训旨在进一步提高"锰三角"地区党政领导干部和企业负责人的认识，提升三种能力（基层政府领导科学发展的执政能力、环境监管能力和企业治污自我约束能力），彻底解决"锰三角"地区的环境问题，推进"锰三角"科学发展。本次培训班由环境保护部人事司组织，环境保护部宣传教育中心具体承办，湖南花垣、重庆秀山、贵州松桃三县乡级领导干部和企业负责人共 89 人参加了培训班。

2010 年 6 月 13 日，环保部在花垣县召开《"锰三角"区域环境联合治理合作框架协议》，会上"锰三角"三方县长签字。

---

① 访谈记录 XS—02.

表4-6　清水江流域治理进程中政治权威的支持程度的对比

类型	"自发治理"过程	"整顿关闭"过程	"整合推进"过程
政治权威的支持程度	缺席	积极介入，打开"合作治理"机会之窗	积极介入，参与治理提供财政、政策、技术支持

资料来源：根据文献和调研资料整理。

（二）技术力量组成比较

从清水江流域环境治理的进程来看，还有一类参与者在该区域的环境治理中发挥了重要的推进作用，也是合作过程中重要的技术力量。其一是体制内的技术官僚；其二是体制外的知识智囊（见表4-7所示）。

体制内的技术官僚是指政府部门内部的技术官员，体制外的知识智囊是指对某个行业有着深入研究、在政府制定政策市发挥咨询、建议和参谋作用的专家和学者，他们是政府环境治理方案制定的外脑。在清水江流域环境治理中，这些来自中科院、重庆大学、浙江大学的院士、专家和教授，他们在锰矿企业产能提升、锰渣"变废为宝"、锰矿选址等方面发挥了专业性的优势，在一定程度上促进了该地区环境治理绩效的改善。

可见，体制内的官僚无法平衡各方利益，制定出符合各方都能接受的认可的治理方案时，体制外知识智囊的作用就成为决定多个地方政府间合作治理行为能否取得治理绩效的一个重要因素。

表4-7　清水江流域水污染治理进程中技术力量组成的对比

类型	"自发治理"过程	"整顿关闭"过程	"整合推进"过程
技术力量的组成	地方政府干部	地方政府干部	地方政府干部
		中央政府干部	中央和省级政府干部
		贵州省、重庆市、湖南省政府干部	中科院、重庆大学、浙江大学、中国环境科学院等科研机构

资料来源：根据文献和调研资料整理。

四、清水江流域环境治理过程的对比

（一）清水江流域环境治理中合作困境的生成路径比较

1."自发治理"过程中地方政府间合作困境的形成机理

由文第三章第二节的分析可知，在"自发治理"过程中，"锰三角"的清水江流域环境治理可分为以下几个步骤（见图4-1所示）。

（1）电解锰市场价格持续走高，引起"锰三角"地区锰矿资源的无序开发，地方政府间相互竞争，以邻为壑，致使流域环境得以急剧恶化。

（2）锰渣、污染严重，致使三县界河——清水江污染严重，引发群众上访；

（3）村委会出面协调治理无效。

（4）中央政府被动参与，派人督导，无治理绩效；

（5）草根组织"保卫母亲河"组织实施沿江40余村干部"罢官方案"，仍然不能引起政府重视，治理无绩效。

（6）大规模群体性事件爆发，引发各类媒体关注和报道，最终引起中央政府重视。

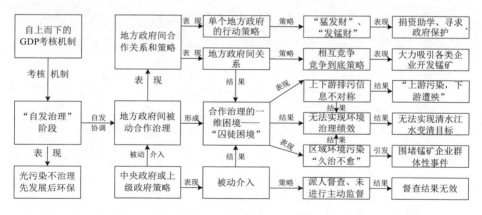

图4-1 "自发治理"过程中清水江流域水污染治理"一维困境"的生成过程

2."整顿关闭"过程中地方政府间合作困境的形成机理

从论文第三章第三节的分析可知，在"整顿关闭"过程中，清水江流域水污染治理中地方政府间合作治理困境的形成经历了以下过程，可用以下图来解析，见图 4-2 所示。

（1）清水江的严重污染使得该区域爆发大量群体性事件事件，以及两省一市沿江 40 余村干部集体辞职引起大量媒体的报道，进而引起中央政府的重视。

（2）中央政府采取"运动式"的治理策略，在该区域掀起"环保风暴"，先后发起并实施了《湖南、贵州、重庆三省（市）交界地区锰污染整治方案》、《湖南、贵州、重庆三省（市）交界地区电解锰行业污染整治验收要求》，并由原国家环保总局挂牌督办。

（3）由于环境污染治理成本太高、地方政府间之间沟通机制、协调机制、承诺机制没有建立健全、排污信息不对称、排污企业偷偷生产、中央政府"光治理不生产"运动式治理策略，使得地方政府选择执行中央政府制定的《整治方案》，致使环境治理效果不明显，存在隐患；虽然地方政府间沟通机制、协调机制、危机处理机制得以初步建立，但是面临很多困境。

（4）多起的锰渣库溃坝事件以及水质的不稳定，产生"四个不满意"结果和新的治理困境。

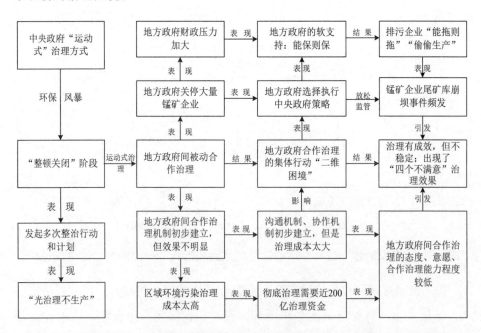

图 4-2　"整顿关闭"过程中清水江流域水污染治理"二维困境"的生成过程

3."整合推进"过程中地方政府间合作困境得以突破的路径

从论文第三章第四节的分析可知,在"整合推进"过程中,清水江流域环境治理中地方政府间合作治理困境的形成经历了以下过程,可用以下图来解析,见图4-3所示。

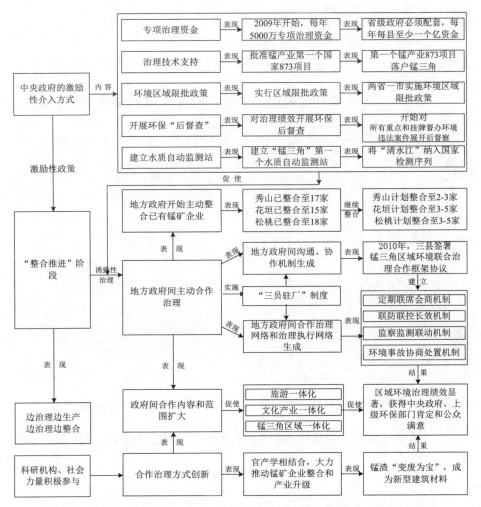

图4-3　"整合推进"过程中清水江流域水污染治理困境逐渐突破的路径

(1)针对"整顿关闭"过程中出现的四个不满意结果,中央政府及时调整了整治方式和策略,由"光治理不生产"的运动式治理方式转向"以奖代惩"的激励式的治理方式。

(2)在清水江建立国家级水质监测站,将水质监测纳入国家检测序列。

（3）多次召开两省一市的协调会议、座谈会，促进地方政府间合作交流。

（4）在国家环境监察局和三省市环保部门的见证下，"锰三角"地区秀山、花垣、松桃三县人民政府签订了《"锰三角"区域环境联合治理合作框架协议》。

（5）邀请中国环境科学院、浙江大学、重庆大学、中山大学等科研机构参与，共同解决锰渣和尾库设计问题。

（6）地方政府间在环境治理问题上态度趋向积极，整合关闭企业，推进产业调整，合作范围扩大，使得环境治理效果趋于稳定，受到国家和群众的肯定。

（二）清水江流域环境治理中各类行动者策略的调整过程对比

1. 清水江流域水污染治理中清水江沿岸民众行动的调整过程（见图4-4所示）。

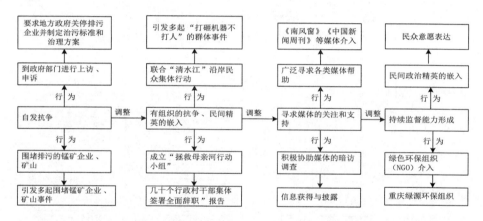

图4-4　清水江流域环境治理中清水江沿岸民众行动策略选择的动态过程

2. 清水江流域水污染治理中中央政府行动策略的动态调整过程（见图4-5所示）。

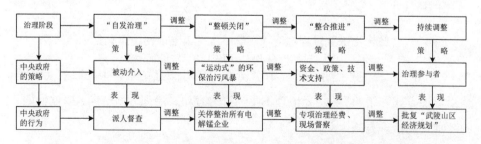

图4-5　清水江流域水污染治理中中央政府行动策略的动态调整过程

3. 清水江流域水污染治理中各个行动者的行动调整过程（见图4-6所示）

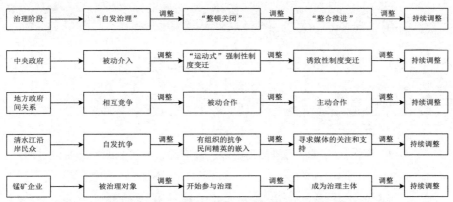

图4-6 清水江流域水污染治理中各个行动者的行动调整过程

4. 清水江流域水污染治理中锰矿企业行动策略的动态调整过程对比

通过对比清水江流域环境治理的"自发治理""整顿关闭""整合推进"三个治理阶段，该区域的锰矿业行为和策略发生了一定变化，呈现一种动态调整的过程，见图4-7所示。

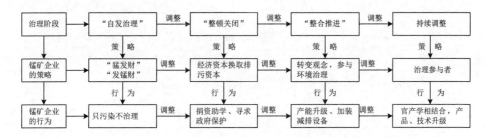

图4-7 清水江流域水污染治理中锰矿企业行动策略的动态调整过程

（三）清水江流域水污染治理中政府间合作机制的生成过程比较

基于前面的分析，清水江流域环境治理中地方政府间合作治理关系经历了由"相互竞争"到"被动合作"再到"主动合作"的动态生成过程，与此同时，地方政府间的合作治理方式和内容发生了显著变化，见图4-8所示。

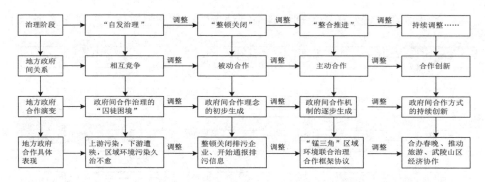

图4-8 清水江流域水污染治理中地方政府间合作机制的动态生成过程

（四）清水江流域水污染治理过程中环境治理绩效的生成过程对比

从第三章的分析可知，在不同治理阶段，清水江流域环境治理绩效经历了由"久治不愈"到取得"治理绩效"的动态生成过程，见图4-9所示。

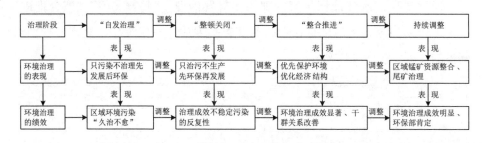

图4-9 清水江流域水污染治理绩效的动态实现过程对比

五、小结

本章在第三章的基础上从合作平台、参与网络、行动者、合作过程这四个维度对清水江流域环境治理进程进行了系统比较，从中我们可以发现，地方政府间的合作治理态度、参与角色、中央政府、省级政府、地方政府以及公众参与、媒体参与、企业治理态度、科研机构参与等要素，在清水江流域环境历时12年的曲折治理进程中发挥的角色和功能都有显著差别，并且这些因素随着治理进程的不断推进也在不断调整。它们既是造成清水江流域环境在"自发治理"阶段和"整顿关闭阶段"出现"一维"和"二维"合作治理困境的重要因素，也是该流域环境在"整合推进"阶段实现由"久治不愈"

到"成效显著"的重要因素。因此,清水江流域环境治理是一个多元主体参与和治理行为的动态调整的过程。从本章的分析中可以看出,流域环境治理绩效的实现,主要依赖这些因素动态调整而形成了两大治理网络,即"合作治理网络"和"合作执行网络",基于本章的分析过程,有助于我们从治理过程和治理绩效的动态变化来全面了解"锰三角"流域环境治理的整体过程,进而厘清流域环境治理中地方政府间协作及其影响因素运作逻辑、方式和机制。这为下一章的清水江流域环境治理特征的分析总结、关键影响因素的提炼以及实证检验提供了理论分析的基础。

第五章　清水江流域水污染治理的特征
和关键影响因素

上一章从"治理平台""参与网络""行动者""治理过程"四个维度对"锰三角"历时12年的清水江流域水污染治理过程进行了对比，使我们从动态的视角来了解水污染治理绩效由"久治不愈"到"成效显著"的实现过程。本章将在上一章的基础上遵循"发现——反思——总结"的认知程序，综合应用治理理论、科层理论和协作性公共管理理论对清水江流域水污染治理中呈现的一些特点进行分析，深入挖掘影响合作治理困境生成和流域水污染治理绩效的关键因素，以及更为微观的一些治理特征，为下一章分析归纳清水江流域水污染治理的研究发现以及提出我国流域水污染治理路径创新的政策建议做理论铺垫和数据支撑。

本章的结构安排如下：第一小节基于清水江流域水污染治理的过程来总结其流域环境治理的基本特征，进而由这些基本特征来分析和提炼影响清水江流域水污染治理由"久治不愈"到"成效显著"的关键影响因素；第二节则是通过关键影响因素分类、模型构建、指标设计、问卷设计、数据收集、数据分析等步骤对第一节分析归纳的清水江流域水污染治理的特征和关键因素进行有效验证；第三节进行简要总结。这样的结构安排有助于回答以下几个问题：一，清水江流域水污染治理目前呈现一种什么样的治理特征，有哪些关键因素影响着清水江流域水污染治理效果？二，这些理论上分析出来的关键因素在实证上能否得到有效验证？最后一小节进行简要总结。

一、清水江流域水污染治理总体治理特征和关键影响因素

（一）清水江流域水污染治理的总体特征

通过第三、第四两章关于清水江流域水污染三个阶段的治理进程和对应治理绩效的分析，可以发现，清水江流域水污染取得治理绩效的关键，在于突破了以行政区划为界限的"地方分治"治理模式，呈现出多元主体参与治理的"网络化治理"结构特征，既包括"合作治理网络"又包括"合作执行网络"。这种复合式的治理网络，是该区域取得环境治理绩效和实现环境公共价值的有力制度保障（如图5-1所示）。

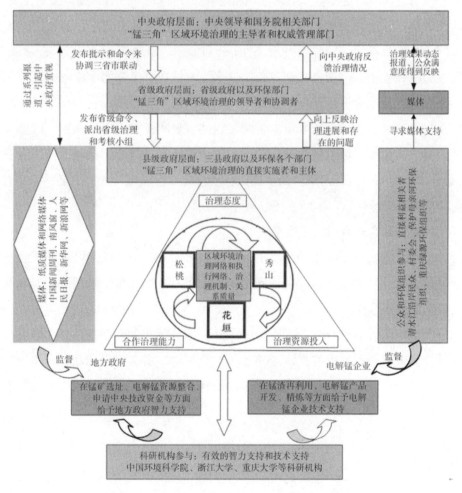

图 5-1　清水江流域水污染治理的基本特征

（二）清水江流域水污染治理取得绩效的关键因素

从图 5-1 中可以发现影响清水江流域水污染治理绩效的关键因素可分为两个方面。在政府层面，主要有中央政府、省级政府和地方政府组成；在治理层面有地方政府的合作态度、资源投入能力、合作治理能力、地方政府间的关系质量（信任、沟通和承诺），以及公众参与、媒体参与和科研机构参与。具体来看，中央或省级政府的参与程度决定着合作进程的加速或者放缓，而它们的持续关注和支持（财政、技术、监督）会使得清水江流域地方政府间在合作过程中形成较为稳定的预期；地方政府的合作态度、资源投入能力、合作治理能力直接决定着合作治理进程和流域环境治理绩效的实现程度；地方政府间的信任、沟通和承诺以及由此产生的治理机制则使得清水江流域地方政府间的合作具有了可持续性和动态性；公众参与、NGO 环保组织参与、媒体关注和科研机构参与则是"锰三角"清水江流域环境污染问题能够得到国家层面重视以及促使该区域电解锰产业转型升级的重要力量，它们在清水江流域水污染治理过程中发挥了群众监督、媒体监督和技术支撑的作用。以上这些因素"清水江流域治理中地方政府间的合作能否走出合作治理困境，促进"合作网络"和"执行网络"的生成，也是造成"锰三角"清水江流域每一个阶段环境治理绩效呈现不同治理效果的重要原因。

1. 参与网络对合作治理的影响

清水江流域三个阶段的环境治理过程表明，只有当治理网络具备开放性和平等性时，才能促进区域特定问题的利益相关者进入多变协商的并以共识为导向的合作过程。

流域环境的治理网络必须具有开放性。"合作治理的首要条件是它必须对所有受到影响的利益相关者具有广泛的包容性"[1]，并且凡是成功的合作治理都非常注意让利益相关者参与，排斥关键利益相关者是合作治理失败的关键

---

① David·D. Carl·E. Larson. Collaborative leadership: how citizens and civic leaders can make a difference . San Francisico, CA: Jossey-Bass, 1994, P32.

原因①。开放性要求每一个利益相关者都不应该排除在公共政策过程之外。除了地方政府，区域合作治理的治理网络还应该涵纳与合作相关的非政府组织、市场主体等所有利益相关者。在第一次合作治理中，仅仅是单个地方政府间被动的合作，而且是在群体不断上访的情形下进行简单的沟通，从而导致第一次合作治理过程中既得不到利益相关者的支持，也缺乏区域内公众的理解和认可，在这种简单的协商式沟通无效时，群众最终爆发了大规模群体性事件来对抗地方政府间"推诿、扯皮的现象"；在第二次的整顿关闭治理过程中，虽然在中央强力介入下，虽然经历了两次集中治理，治理过程看似坚决彻底，好评如潮，但是污染的反复性、多次溃坝事件使得该区域治理"锰渣"污染的真实成效暴露在人们面前，这里面充满了地方政府之间、地方政府与中央政府之间、地方政府与锰矿企业间讨价还价的过程，最终产生了四个不满意治理结构：地方政府不满意、锰矿企业不满意、公众不满意，上级政府也不满意（如表 5-1 所示）。

表 5-1　"整顿关闭"过程中形成的四个不满意结果

类型	不满意表现	不满意结果
地方政府	治理成本太高；财政没有保障；光治理不发展	选择性执行国家整顿方案
锰矿企业	一人得病，全家吃药	偷偷生产
公众	污染反复性、水质时好时坏	继续反映，上访
中央政府	治理效果好，但是不稳定，溃坝事件频发	不得不调整策略

　　在"整合推进"过程中，治理主体不仅有地方政府，还有各类其他组织的参与。这样一个多元主体参与的治理网络，是推动清水江流域水污染取得治理绩效的重要因素（如表 5-2 所示）。

---

① Reilly：Collaboration in Action：An Uncertain Process. Administration in Social Work.2001.25，1，53—73.

表 5-2　清水江流域水污染治理中的参与者类别及特征

参与者类别	代表机构	行为特征	角色定位
中央政府及其相关部门	中央政治局	主席批示	领导者
	国务院及其相关部门	总理批示	领导者、监督者、参与者
省级政府及其相关部门	省级政府（湖南、贵州、重庆）	环境督查	领导者、监督者、参与者
	环保局及其它环境管理部门	财政支持	监督者、参与者
地方政府及其相关部门	地方政府（花垣、松桃、秀山三县）	项目支撑	治理主体
	环保局及其它涉水管理部门	环境督查	治理主体
环保组织和科研组织	重庆绿源环保协会、草根环保组织："保卫母亲河组织"等	监督者	参与主体、利益相关者
	中国环境科学院、浙江大学、重庆大学等科研机构	智力支持技术支持	参与主体
各类媒体	《南风窗》《中国新闻周刊》《人民日报》《中国环境报》，人民网、新华网等各类媒体	媒体监督	参与主体、利益相关者
民众	清水江沿岸民众	监督者	参与主体直接利益相关者

2. 政治权威对合作治理的影响

在当代中国的决策过程中，自上而下的政治权威起着决定性的作用，政治权威特别是主要领导人比较容易将个人的价值观念和行为方式融入决策过程中，"领袖的一句话常常就是关键性的政策或创议，很少受决策程序和规则的限制"①。从清水江流域环境治理的过程来看，其纵向的治理结构仍然是传统的"中央——地方"科层式的治理结构，并且始终强调中央的"权威性"，以"中央"这个具有最高权威的主体，各级地方政府和环境管理部门构成了纵向的治理维度，并且中央及其相关部门的"自上而下"的垂直命令关系和持续的"行政高压"是促成"锰三角"地区的秀山县、花垣县和松桃县进行流域

---

① 胡伟：政府过程［M］.杭州：浙江人民出版社，1998 年版，第 255 页.

环境协作治理的关键因素^①。

首先，政治权威对合作过程进展发挥促进或阻滞作用。在地方政府合作中，政治权威对区域公共事务的态度往往起着助力或阻力的作用：当政治权威对合作事宜持肯定、赞成态度时，能够促进政策和项目迅速提上议事日程；当政治权威对合作丧失兴趣和信心时、缺乏持续关注时，会使得政策的"机会之窗"再次关闭。在本案例中，第一阶段的治理过程中，虽然上级政府派人到该区域进行督导，但是由于操作层面仅限于考察，流于形式，对该流域环境治理绩效没有带来任何程度的改变；在第二次治理过程中，治理进行得迅速而坚决，正是由于政治的最高层，国家主席注意到这个事情^②，从而使得该流域环境治理得以重新被提上政治议事日程，而总书记的四次批示更是创下了新中国成立以来单个流域环境治理问题得到批示次数最多的案例记录。可见，政治权威能够极大地促进地方政府间合作；而当缺乏政治权威推动时，合作方案内容的制定和选择都有可能进入滞缓状态，甚至陷入停顿，第一次合作治理过程也提供了最好的例证。

其次，政治权威的关注有助于地方政府形成稳定的合作治理预期。"锰三角"地区整体属于"武陵山区"，该地区的经济在很大程度上依赖中央转移支付等特殊资源的倾斜，其经济的依附性决定了政治的弱势性，很多事务因缺乏实际的资源而流于形式，在"靠山吃山、靠水吃水"的传统思维模式下，各个地方政府只能依赖资源开发来发展经济^③，在"行政区经济"和"传统的GDP"考核体制下，对于区域内的公共事务，地方政府往往具有"搭便车"和"机会主义行为"，使得他们缺乏足够的动力去协作处理，加之，接近200亿的巨额治理资金，使得三县（秀山、松桃、花垣）政府无法对流域环境治理作出有利于自身的成本和收益预期，从而使得清水江流域污染问题在2000

---

① 秀山县县委书记在一次媒体采访中表示："环保问题和乌纱帽联在一起，使得治污问题更加敏感，县乡领导都不敢给污染企业开绿灯"。

② 2005年8月6日，胡锦涛主席在中央政策研究室《简报》第284期《"锰三角"污染问题亟待解决》一文上批示说："环保总局要深入调查研究，提出治理方案，协调三省、市联合行动，共同治理。"

③ 对于"老、少、边、穷"的"锰三角"来说，各县财政收入的50%以上均来自锰矿业的开发。

年至 2005 年"久治不愈"，这种情形之下，只能依赖上级政府或中央政府来进行干预。因此，中央权威的参与将使地方政府的预期趋于稳定，并通过相关政策资源的注入 ①，以及治理政策的不断调整以强化地方政府流域环境治理的积极性 ②，清水江流域水污染环境治理中，"中央政府"发挥了极大的作用，纵向行政权力主要在于加强中央政府的协调作用，由于中央政府超脱于地方政府利益博弈之外，同时享有绝对的权威与决策权，从而能在地方政府的博弈结构中起信息沟通与冲突裁判的作用。如果仅仅只强调地方政府横向的合作而忽略中央强势介入的宏观背景，那么，在清水江流域水污染治理中所形成的"横向联动机制""联席会议体制"都会由于缺乏政策资源支持和外在政治压力而失去对各主体的约束力。清水江流域水污染的有效治理也表明正是在中央和上级政府多种外在压力和政策、财政资金等资源得诱导下 ③，该地区三个地方政府开始积极寻求相互合作，并通过合作、协调、谈判、伙伴关系，确立集体行动的目标等方式，对区域性公共事务联合治理，使得《"锰三角"环境联合治理合作框架协议》的内容得到落实，以使取得双赢或共赢成为流域环境治理的目标 ④。

再次，政治权威的介入还能加速合作的进程。清水江流域水污染治理的三个阶段充分表明，这个问题从提出到重视，经过了 5 年的时间。这 5 年里

---

① 从 2007 年开始，中央政府和上级政府调整了"锰三角"地区跨域环境治理的政策，由"整顿关闭"转向"整合推进"，强调"锰矿业整合"和"财政激励"。详细内容请参考本书第三章第二小节。

② 从 2007 年开始，中央在"锰三角"污染整治中，三县都加强了惩戒制度建设，实行环保"一票否决"制，环保实绩考核结果作为领导班子调整、考察干部的重要依据，考核不合格的乡镇主要领导必须"下课"。详细内容请参考本书第三章第二小节。

③ 在 2009 年 4 月环保部在"湘渝黔交界锰三角地区环境综合整治座谈会"上表示，将从 2009 年起之后五年内加大对该地区环境治理的支持力度从中央财政集中的排污费资金中每年为'锰三角'地区的花垣县、松桃县、秀山县每县安排中央投资 5000 万元，地方政府予以专项资金配套，这就意味着三县每年的环境治理资金至少超过一个亿。

④ 2009 年以来，松桃县加大了监管力度、细化了治污措施，21 个中央资金补助的环境综合整治项目全部完成；2010 年的 6 个环境综合整治项目列入限期治理名单加以督促；在 2009 年—2011 年的综合整治及专项治理阶段，松桃县将 34 家锰矿开采企业整合为 5 家，78 家锰粉加工企业整合为 2 家，关闭了 5 条不符合产业政策的电解锰生产线；2009 年，湖南省财政厅下达了 4113 万元的专项整治资金，涉及区域环境安全保障项目 18 个，锰渣库整治项目 14 个，污染防治技术项目 2 个。

面虽然有上级介入，但是并没有在政治上充分考虑。2005 年 8 月以后，"锰三角"清水江水污染问题得以充分重视并在两天内提上政治议程，并作出决策，得益于中央政治高层的支持和推动。而在随后的治理过程中，上级的多次督导和视察使得地方政府间不敢懈怠，而取得了较好的治理成效。在"自上而下"的行政重压和环境绩效考核"摘帽子"的双重压力之下，主动推动流域环境治理，成为该区域地方政府的现实选择，进而考虑合作方式创新，最终形成了区域经济一体化方案——"武陵山区连片规划带"的成立。

3.地方政府的合作治理态度

态度是内心的一种潜在意志，是个体和组织的能力、意愿、想法、价值观等在活动中的外在表现。Child 认为，当一个治理网络内中成员对相应的一方持有一种学习的态度时，他们对对方的观点、见解的接受能力，比他们认为自己拥有高级技术、组织能力和策略判断能力时更强。对于政府部门，其对合作所持的态度，影响其参与合作的积极性、精力、资源的投入程度，对合作效果也会产生不可忽视的影响①。而在流域环境治理过程中，地方政府间的合作态度决定着地方政府在流域环境治理中的角色，也是流域环境治理中"合作网络""合作执行网络"能否生成的重要原因，直接影响着环境治理效果。

从清水江流域水污染治理的三个阶段来看，地方政府依次扮演了"被动参与者""消极参与者""组织者"的角色，但是背后深层次的原因在于地方政府对流域环境治理是否有坚定和积极的合作治理态度。因此，积极合作治理态度是地方政府在流域环境治理过程中扮演"组织者"和"倡导者"角色的根本原因，也是流域环境治理网络、执行网络得以生成的重要原因，也是地方政府间和区域公共问题治理过程中走出"一维""二维"合作困境的初始条件，更是政府环境政策中公共价值得以实现的前提条件。

具体来看，在"自发治理"阶段，"锰三角"三县地方政府间在清水江污染治理问题上，合作态度消极，三个地方政府对于该流域环境污染的治理，既没有下发专门治理的文件，又没有相应的治理计划和治理目标，也没有相

---

① Child J.Zegled，A.P. Czeglendy. Managerial Learning in the Transformation of Eastern Europe：Some Key Issues［J］. Organization Studies，1996，17：167—179.

应的治理的责任保证书和考评机制，甚至在流域环境治理过程中，充当"企业利益的"保护者和维护者角色，在地方政府间关系方面，则相互竞争，使得第一次合作治理无绩效，进而引发了污染企业"竞争到底"的策略，即便公众多次上访，仍然没有发生态度转变，该地区污染反而越来越严重，继而爆发了后续的大规模群体性事件[①]；在"整顿关闭"过程中，地方政府间的合作治理态度仍然消极，在治理过程中就表现为"被动参与者"角色，出现了"会上签协议，会下各干各的"合作治理困境，致使中央政府的整顿关闭策略的治理效果大打折扣，后续发生的多起溃坝事件和出现的"四个不满意"便是最好的证明；在"整合推进"过程中，地方政府间的合作态度趋于积极，发挥了"组织者""倡导者"角色，共同推动该地区环境治理有效治理的同时，继续扩大合作范围和空间，在民族文化、旅游、基础设施、医疗等方面展开合作，推进区域经济一体化、旅游一体化，同时借助"武陵山区连片规划带"这一国家级战略平台不断创新合作方式和机制。

4. 治理资源投入能力

从前文分析可知（参见第三章第二小节的分析），"锰三角"三县在 2000 年之前均属于国家贫困县序列。因此，在流域环境治理治理过程中的投入明显不足，也是造成该地区在"自发治理"阶段（2000—2005 年）环境污染得不到有效治理的原因。在治理过程中，治理资金、专业检测设备、人员配置等治理资源的投入不足，也直接导致在流域环境治理问题上无法提供具体的污染数据，地方政府间相互扯皮，互相指责。在"整顿关闭"过程中，在中央政府的强力介入之下，三县地方政府在短期内筹措资金进行各项环境监测设备的购置和废水、废气的处理，使得该地区环境监测有了正式的数据支持，而在"整合推进"阶段，国家在该区域设立国家级的"自动监测站"，更是将该区域的环境监测水平提升很多。因此，治理资源的投入能力在一定程度上影响流域环境治理效果，也为地方政府间进行合作治理提供有效的技术支持。

---

① 2004 年 5 月至 2005 年 7 月，该区域先后发生多起起大规模群众自发砸厂事件，造成强烈的社会影响。

5. 合作治理能力

根据张成福教授的观点[①]，在区域公共问题的治理过程中，地方政府是否具备有效的合作治理能力非常关键，尤其是能否具备"利益协调""相互沟通""危机处理"等方面的能力将直接决定着区域事务能否得到及时有效的解决。

从清水江流域水污染治理的全过程来看，在"自发治理"阶段，地方政府间合作治理能力极为有限，地方政府间的利益协调能力、信息沟通能力、危机处理能力没有建立起来，以致缺乏有效的互动机制来应对该流域环境污染引发的群众上访和"自发砸厂"行为；在"整顿关闭"阶段，在中央政府介入之下，虽然地方政府间开始合作，但是仍然缺乏制度化的约束机制，以"利益协调""信息沟通""危机处理"为特征的合作治理能力依然没有得以建立；在"整合推进"阶段，由国家环保总局组织协调三省市环保局和湘西自治州州政府、铜仁地区行署、秀山县政府共同制定了一套联席会议、信息共享、协同治理等治理机制，三省市地方政府和环保部门不断强化监管，实行了"环保局班子流域负责制""流域停产制"、现场监控、在线监测、视频监控等措施，以及《"锰三角"区域合作治理协议》的正式签署，地方政府间的合作治理能力才迅速提升，使得该流域环境治理在政府协同层面有了制度保障，与此同时，中央政府直接的污染治理专项资金、检测技术和检测设备的投入使得该区域地方政府的污染检测水平和检测能力有了明显提升，而清水江江面上3个全自动监测站的投入使用也使得水质变化能够及时预警，以上措施都使得三县地方政府之间的检测能力和治理污染的能力得到有效改进，进而促使2009年以后清水江水质得到明显改善。

6. 地方政府间合作的关系质量

从清水江流域水污染治理的制度变迁过程来看，"锰三角"的三个县级地方政府之间的横向合作关系经历了由"行政区分割"到"协作性治理"的演化过程，并且合作的动力也由中央政府的"强制命令"转向地方政府间的"自发合作"和"积极推动"。从"自发治理"到"整顿关闭"再到"整合推进"，

---

① 张成福，李昊城，边晓慧：跨域治理：模式、机制与困境［J］. 中国行政管理，2012（3）：102—109.

"锰三角"区域内政府间的协调机制和协调机构经历了从"无"到"有"的生成过程，地方政府间的"信任""沟通""承诺"等社会资本在合作治理过程中也逐步生成，虽然生成的过程非常缓慢，但是这些社会资本必将在地方政府在流域环境治理中扮演双重角色，一是制衡角色，使得地方政府不得不在流域环境治理上投入更大的精力；二是有利于推进地方政府间合作范围的扩大和环境治理效果更趋稳定，具有可持续性。

具体来看，在"自发治理"阶段，地方政府间信任程度很低、只能依赖与频繁的沟通来应对公众的上访，但是没有多少成效。在"整顿关闭"阶段，虽然中央政府强力介入，但是各个地方政府为了保护本地区经济发展，采取了"选择性执行"策略，致使国家调控政策效果大打折扣；地方政府之间虽然在中央政府的监督和协调下，初步建立了一定的沟通机制，但是缺乏制度化和规范化，地方政府间的关系质量维度仍然较低。在"整合推进"阶段，面对矿产业整体价格不断走低、环保考核的"摘帽子"压力以及地方政府经济结构转型的多重压力下，"锰三角"各级政府坐在了一个谈判桌上，就污染标准、惩罚措施、利益分配等问题多次交换意见，形成了《"锰三角"区域环境联合治理合作框架协议》等具体的规则；建立了制度化的"公共论坛"，并定期召开所有行动者的联席会议；针对不断变动的水质状况和利益需求，及时通过讨论制定新的制度这些举措。一方面可以建立互帮互助、互通有无的良好氛围，提高各方治理的积极性；另一方面则无形中形成了相互监督的体制，打消各方不作为的"搭便车"心理，从而克服"强制执行"僵硬固化的制度缺陷和地方政府"经济人"的集体理性行为；并且，通过建立协商的平台，充分的信息分享与交流，扭转由于信息不对称造就的"囚徒困境"局面；而区域联动体制能够让各行为主体处于平等、互助并相互尊重的角度上，激励各级政府在各自行政区内有所作为，同时削弱各行为主体搭便车的侥幸心理。在这种良性竞争环境下，各方产生理性预期，从而制定出更为积极的治理决策，在流域环境问题得到妥善处理的同时，三县地方政府之间的关系也由"冤家走向亲家"，开始尝试在其他公共事务领域方面的合作，推进区域旅游一体化、经济一体化合作[1]。

---

[1] 杨兴云："冤家"变"亲家"联手推旅游[N].重庆商报，2011年1月17日.

因此，地方政府间的关系质量的提高，能为流域环境治理提供更为丰富的工具、政策、技术、机制和平台[①]，对于该区域形成一个自组织的流域环境治理与合作的战略联盟。这种联盟对于公共资源相对缺乏的民族地区而言是非常重要的，它将使各个流域环境治理主体结合成一个有机的共生体，实现资源共享、利益互惠。同时，这种结构还意味着制度变迁的可能性，只要在满足一定条件或在某些动力推动下，它会不断进行自发的"帕累托"改进，从而使流域环境治理的绩效不断优化，并使区域合作逐渐拓展到各领域[②]。这对于该地区的整体竞争力的持续提升是有积极作用的，它既是对"自上而下"的纵向治理维度的补充，又建立在这种"中央集权"的强制制度之下，中央政府是保障机制维持并产生效用的根本力量[③]。

7. 广泛的公众参与和民间政治精英的嵌入

在区域公共事物的治理上，传统的观点是地方政府才是治理主体，而公众则是受众者，只能是依附于地方政府发挥作用。但是，从环境治理的绩效来看，公众是直接利益相关者，从一定意义上说，他们才是真正的主体。在清水江流域水污染治理中最有权威的主体当然是中央政府，之后依次往下则是省级政府、市政府、县、村和居委会、社会组织、企业、居民。从清水江流域水污染治理的三个阶段来看，当各个主体的利益不能达成一致时，中间就必然存在一种纵向的利益博弈：起初，民众的利益与地方政府的利益具有某种一致性，可一旦这样的利益还不能弥补所带来的损失的话，民众就会站起来反抗。调研中，花垣县茶峒镇上潮水村一位曾经参与过保护母亲河行动的村民说：

"我们那时都活不下了，政府的人又不在这里过日子，我们是最吃亏的，

---

① 2012 年 1 月，签署了《"锰三角"区域环境联合治理合作框架协议》，召开了三县残联工作交流会议等。在法律援助、纠纷调解、文化共享、两型发展等方面实现了和谐共赢，三县决定以轮流承办春节联欢晚会等形式，促进文化交流，增进民族团结。

② 花垣县旅游局一位负责人说："如果一起把污染治好了，我们可以一起开发边城旅游项目，毕竟单个搞的项目没有什么看头，一起搞规模大些，更有市场"。

③ 2012 年 2 月，湖南花垣、重庆秀山、贵州松桃三县在花垣县边城图书馆联合举行 2012 年春节联欢晚会，并在会上签署《共同打造中国边城旅游景区框架协议》。

不往死里搞，我们后代住哪里去？"①

　　从第三章的分析可知，"锰三角"地区的公众在流域环境治理治方面具有两个明显的特点。

　　一是具有民族地区的地方性制度资源，"锰三角"地带的均属于"土家族""苗族"的少数民族聚集区，由于地缘毗邻和传统习俗的相似，民族内部、各民族相互间都有较强的认同感，他们往往在宗教、信仰、传统和思维方式方面具有一致的看法，这也是"锰三角"民众能在短期内就成立"拯救母亲河行动代表小组"并发动了多次抗争行动的原因。它已经演化成了一种近似"全民参与"的民间正义活动，具有广泛的社会基础和群众基础。这完全不同于其他地区那种只有一些知识分子和有识之士参与，纯属"精英行为"的民间环保活动。因此，在处理区域公共事务尤其是有关资源使用和配置等问题时，发掘并使其成为正式制度创设的潜在资源显然非常重要。

　　二是清水江流域水污染治理的成功，得益于一批在当地德高望重、富有正义感的民间乡村精英和政治精英。他们在整个民间抗污行动中起到了精神领袖的作用，民间力量和政治精英在整个行动中体现出了惊人的政治策略和"有礼有节"的行动步骤。按照米歇尔·曼的观点，国家权力可分为"强制性权力"和"基础性权力"②，前者应该在统治阶层分配，而基础性权力是落实国家政策的权力，可以进行适当的合作和共享，这为地方性精英参与治理地方公共事务提供了充分的理论依据。虽然一些地方尤其是发达地区的民间（政治）精英已经沦为地方政府从民间抽取资源以推进现代化进程的"掠夺性经纪人"③，但与发达地区比较而言，民族地区的民间政治精英在本土性文化的影响下，更易成为地方大众的政治代言人，他们具有较强的独立人格、荣誉感和使命感让他们不愿无原则地依附政府，在推进某些行动时更具有号召力，

---

①　边城镇的访谈记录 BCZ—01。

②　转引自李祖佩：农民上访：类型划分、理论检视与化解路径［J］. 中州学刊，2012（5）：93—97.

③　钟伟军：利益冲突. 沟通阻梗与地方协调机制建设一种地方经济精英和大众互动的视角［M］. 天津：天津大学出版社，2009 年版，7—9.

也才有了"锰三角"群众发出的"只要姓华（华如启）的倒下了，我们就把厂子炸平……"掷地有声的誓言①。因此，积极发挥地方的乡村精英和政治精英的推动和引导作用，使其充分参与到公共事务治理进程中，这有助于地方性公共事物的治理和某些公共政策的执行落实②。

"那些矿老板有权有势，如果没有他们（当地政治精英）带头，我们肯定不敢去闹，更不要说去砸厂了，他们为了大家不怕死，我们也不怕了！"一位在推动"锰三角"治理中起到关键作用的老村主任也说自己"是把脑袋提在裤腰带上来干'反污'这桩事情的。"③

8. 媒体的参与和持续关注

从"自发治理"到"整顿关闭"，清水江流域水污染治理能够引起中央政府的重视，各类媒体的参与和报道功不可没，在"锰三角"清水江水污染事件中，媒体主要是采取"逆向传播"的形式，即"新闻媒体对公共事件，特别是当公共管理和公共政策出现偏差、不合理的现象后，新闻媒体对由此引发的公共事件或公共管理危机进行的报道宣传工作让"锰三角"污染问题迅速成为社会焦点④，从而对公共政策产生逆向传播作用，揭露政策制定的各种问题，引发社会对政府的批评监督，最后引起中央的高度关注。

正是由于《南风窗》记者阳敏的 3 篇连续报道才使得该地区锰渣污染问题受到全国的关注，"锰三角"光环褪去，使得大家重新认识到该区域重金属污染的严重性，"锰三角"已经变成了"黑三角"。《中国经济周刊》:《南方周末》《中国环境报》等纸质媒体的之后的连续追踪和报道，又将该问题进一步放大，《南风窗》杂志更是向花垣县隘门村村委会主任华如启颁发了 2005 年的"为了公共利益年度个人奖"。之后，中央政策研究室也以内参形式将"锰三角"清水江水污染问题呈报中央主要领导，引起了中央政府政治高层的关

---

① 蒋辉：民族地区跨域治理之道：基于湘渝黔边区"锰三角"环境治理的实证研究［J］.贵州社会科学，2012（3）：74—79.

② 徐克恩：香港：独特的政制架构［M］.北京：中国人民大学出版社，1994 版，5—6.

③ 阳敏：剧毒水污染的"民间解决"［J］.南风窗，2005 年第 7 期（上）：46—51.

④ 邱国荣：公共管理中的媒体作用和政策分析［J］.当代电视，2009（1）：42—43.

注，使得清水江流域水污染"久治不愈"情形出现了转机。

在"整顿关闭"期间，媒体对中央政府采取的"运动式"治理方式和"环保风暴"带来的绩效也一直给予关注，尤其是对 2008 年该区域连续发生的多起锰矿尾库溃堤事件的报道，使得中央政府重新认识和思考该流域环境治理中的方式和方法，由"运动式"介入转向"激励式"以奖代惩的综合治理方式，由此也使得"锰三角"清水江流域环境治理过程由"整顿关闭"转向"整合推进"，后续几年清水江流域环境治理绩效表明这种转向是及时和正确的，媒体的监督功能再次得到体现。

"记者不来，我们再怎么搞都搞不成事情，但是他们的报道世人（所有人）都晓得了，政府也不敢不管了，我们肯定感谢它们（媒体）。"①

"说实在话，以前媒体的报道给大家的压力很大，又不是政府在排放……，现在治理成效都看到了，媒体也给予了肯定，部里今年又检查了 3 次，总的来说，还是不能懈怠……通过这么多次的治理行动，大家的监管态度变得慎重小心了，都怕因锰矿事故而被问责……其实这么多年的治理，也能看出来，这个问题的关键不是治不好的问题，而是怎么治，如何治理的问题……"②

二、清水江流域环境治理绩效及其影响因素的实证分析

前面一小节分析了清水江流域水污染治理呈现的网络化治理特征以及各个关键影响因素，本节将在前一节的基础上，从因素分类、问卷开发、变量指标设计、数据收集、收据分析等方面对清水江流域水污染治理的特征和关键影响因素进行分析和验证。

（一）因素分类和模型构建

1. 因素分类

为了便于有效测量前面一小节的关键因素，基于网络治理理论和社会资本理论，我们采用聚类分析方法将这些因素划分为三类（见表 5-3 所示）：即

---

① 阳敏：剧毒水污染的民间解决 [Z]. 南风窗，2005 年第 7 期（上）：46-51.
② 边城镇访谈记录 BCZ—01.

地方政府合作治理的因素，地方政府间的关系质量因素，流域环境治理的环境因素。其中又可以细分。

地方政府间合作治理因素：由地方政府的合作态度、治理资源的投入能力、合作治理能力三个因素组成。

地方政府间关系质量因素：由地方政府间信任、沟通、承诺组成。

流域环境治理的外部环境因素：由中央政府或者上级政府参与、公众参与、媒体以及科研机构参与。

环境治理效果则分为：直接治理效果和间接治理效果两个方面（具体的测量指标见本章问卷设计部分）。

表 5-3　"锰三角"清水江流域环境治理绩效影响因素的（聚类分析方法）分类

影响因素分类	组成因素
地方政府合作治理因素	地方政府的合作态度
	治理资源的投入能力
	合作治理能力
地方政府间关系质量因素	地方政府间的信任
	地方政府间的沟通
	地方政府间的承诺
流域环境治理的外部环境因素	中央政府或者上级政府的参与和支持
	公众参与的程度、方式
	媒体、企业、环保组织、科研力量参与

2. 概念模型构建

基于以上因素分类，我们可以大致将清水江流域水污染治理效果及其关键影响因素的概念模型构建出来，如图 5-2 所示。

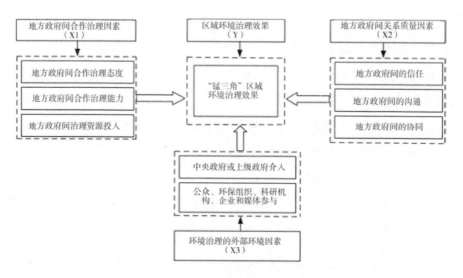

图 5-2　清水江流域水污染治理效果及其影响因素的结构模型

（二）问卷设计

1. 问卷的基本内容

依据前文设定的理论构架和待验证假设，本研究最终形成的调查问卷包括四个部分的基本内容。

（1）被调查地区地方政府间合作治理的基本情况。该部分主要想了解地方政府间合作治理环境污染的态度、环境治理中资源的投入能力以及地方政府间合作治理能力的表现等内容。

（2）地方政府间合作的关系质量的基本情况。该部分旨在分析在"锰三角"清水江流域环境治理过程中，"锰三角"三县是否建立起社会资本理论所倡导的以"信任""沟通""协同"为特征的高水平"信任""沟通""协同"治理机制，以便进一步确定各个变量在流域环境治理中的贡献度和影响路径。

（3）流域环境治理的环境因素分析。该部分主要了解中央政府、上级政府、公众参与以及媒体、NGO组织在流域环境治理中的作用，以便进一步确定较好的测量题项。

（4）流域环境治理效果分析。该部分从直接效果和间接效果2个维度来反映流域环境的成效，以便确定在"锰三角"地区，秀山县、花垣县和松桃县是否在"锰渣"污染治理过程中形成了较为稳定的区域合作治理联盟,以及该地区的流域环境治理是否实现了环境治理绩效的三个主题:"公共性""合作生产"和"可持续性"。

2. 问卷的设计过程

调查问卷设计是影响研究结论的最重要的工具之一。其设计的合理程度、内容结构的效度和信度、指标选取的实用性等,都直接关系到研究结论的科学性和价值。正确设计问卷的要点是,问卷问题要根据研究目标设立;要依据调查对象的特点设置问题;不能设置得不到诚实回答的问题[①]。为设计出一份较为科学的问卷以尽可能地实现变量(包括解释、被解释变量以及控制变量)测度和研究结果的可靠性和有效性,本研究在问卷题项的设计主要参考了新公共治理理论、关系资产理论、网络治理理论中一些指标设计的原则和具体测量条款,并根据在实地调研过程中的实际访谈情况进行适当的修改和补充。从总体来看,本研究在问卷设计过程中主要采用了以下五种方法:

(1)借鉴现有文献

流域环境治理绩效及其影响因素的测量是本研究的难点,本研究遵循演绎的方式产生量表,即尽可能借鉴现有研究中已经存在的成熟量表,在分析这些量表的基础上产生新的量表,所以,初测量表内容基本由已经存在的成熟量表组合而成,使用已有量表作为新量表基础的原因在于以下几个方面。

首先,已有量表的指标大多具有较高的信度、效度水平,使用或者改编这些量表的项目可以在很大程度上保证新量表的信度、效度水平,新量表的开发风险比较小。

其次,已有量表中的很多指标或者项目已经在文献中反复使用,认可度高,尽量使用或者改编已有量表中的测量选项比较容易得到学术界的认可,减少相关的质疑。

(2)深入清水江流域的秀山县、花垣县和松桃县进行访谈。为了获得充分的数据资料,笔者先后两次前往该地区,与该地区三县的环保局、水利局、

---

① 马庆国:管理统计:数据获取、统计原理 SPSS 工具与应用研究[M].北京:科学出版社,2002 年版.

自来水公司以及环境监测站的许多工作人员进行了充分的交流，详细了解该地区"锰渣"污染的联合治理状况，以及采取的治理方式和取得的治理绩效，在这个过程中，也详细向他们询问了关于本研究主题的一些内容，以及如何用适当的题项、语言来测量研究所需要的相关信息，初步获得和验证了有关本研究问卷设计的重要问题（见附录1和附录2，第175—177页）。

（3）征求学术团队的意见。文献阅读和实地调研访谈的基础上，初步设计出本研究问卷后，自己通过与导师沟通，与同学探讨，与兰州大学资源环境学院干旱区水资源研究中心的部分师生进行讨论等多种形式，广泛征求他们对问卷的意见，并对问卷进行了修改和完善。

（4）调查问卷的预测试。在利用问卷大范围进行数据采集之前，笔者采取了小范围预测试。通过对环保局的一些工作人员填写问卷的预测试过程，笔者及时发现了问卷填写过程可能遇到的问题，并根据被测试者的反馈和建议，进一步有针对性地使本研究中的一些测度问题的表达方式通俗易懂，并在此基础上最终形成了本研究的调查问卷。

（5）问卷回收和优化。问卷回收以后，根据量表优化的步骤以回收的问卷数据为基础对流域环境治理绩效及其影响因素进行数据分析，根据各个步骤的具体判断标准分布对量表内的测量题项进行了删减，并根据填表人的反馈对表述不清的题项进行修改，以便最终确定测量内容相对全面、题项分布相对均衡的后续研究测量用表。问卷设计与优化的具体步骤为：

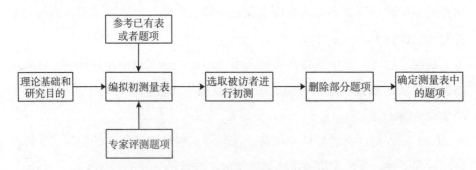

图5-3　清水江流域水污染治理的问卷设计与优化思路

表 5-4 清水江流域水污染治理绩效及其影响因素的问卷调查表

层面	序号	题项内容	合适	修正后合适	不合适	建议
地方政府合作治理维度	1	地方政府间合作态度：态度是否积极？是否有专项治理计划				
	2	地方政府间资源投入：治理资金是否充裕、治理技术引进？人员配置等				
	3	地方政府间合作治理能力：利益协调、危机处理、资源整合能力				
	……	……				
地方政府间关系质量维度	1	信任：是否相互信任				
	2	沟通：沟通渠道如何？沟通频率？				
	3	承诺：相互协作应对流域环境污染治理的能力如何？				
	……	……				
外部环境因素维度	1	上级政府支持				
	2	公众参与程度、方式				
	3	NGO、媒体、科研机构参与：参与路径？是否有成效？				
	……	……				
流域环境治理绩效	1	直接效果：是否有成效？政府、公众是否满意？				
	2	间接效果：是否可持续？合作治理意愿是否增强？合作范围是否扩大？				

3. 变量设计与测度指标

根据前文所提出的分析框架、假设和概念模型，本研究所涉及的变量包括地方政府间合作程度、地方政府间关系质量、流域环境治理的环境因素、流域环境治理绩效。在变量的测量方式上，由于这些变量常常涉及个人的主观判断，甚至情感上的判断，大多难以准确度量，或者被调研人对问卷填写过程中的一些顾虑，本研究对变量的测度参考了Gu1at1（2005）的方法，均采用主观感知方法，即采用李克特（Likert）量表打分法，李克特量表填答方式有三点至七点等多种量表法，根据学者Berdie（1994）的研究经验，在大多数情况下，5点量表是最可靠的，选项超过5点，一般人很难有足够的辨别力。因此，本研究选用李克特5级量表法。另外，根据Likert 5级打分法的原则，本研究在调查问卷中界定了数字1–5依次表示完全不符合、大部分不符合、不确定、基本符合、完全符合。其中，3分为中性标准（一般），便于受访者填写问卷（李忠云，2005），也希望藉此能够掌握一些细节性信息。

（1）被解释变量——流域环境治理绩效

在本研究中，流域环境治理绩效为被解释变量。在治理效果测量方面，Gulatiot用服务支持、柔性和总体绩效来反映治理的效果[①]；陈瑞莲则从区域公共管理的视角，来探讨地方政府间如何通过信任、沟通、承诺机制来形成伙伴关系治理，以实现流域环境治理的可持续性[②]；姚引良等则用成本节约、服务对象满意来衡量地方政府网络治理多主体合作的治理效果[③]；张成福则用合作成本、合作收益来衡量地方政府间在区域合作治理中产生的的绩效[④]；蒋辉等则用满意度和区域治理联盟是否形成进行来进行度量[⑤]；包国宪等则用公共性、合作生产、可持续三个维度来衡量政府绩效中的公共价值实现问题[⑥]。有关流域环境治理绩效研究的部分观点，见表5-5所示。

---

① Ranjay Gulati , Sytch. Dependence Asymmetry and Joint Dependence in Interorganizational Relationships［J］. Administrative Science Quarterly，2007，52（1）：32—69.

② 陈瑞莲：区域公共管理理论与实践研究［M］.北京：中国社会科学出版社，2008年第1版 .

③ 姚引良，刘波，王少军，祖晓飞，汪应洛：地方政府网络治理多主体合作效果影响因素研究［J］.中国软科学，2010（1）：140—149.

④ 张成福，李昊城，边晓慧：跨区治理：模式、机制与困境［J］.中国行政管理，2012（3）：102—109.

⑤ 蒋辉，刘师师：跨域环境治理困局破解的现实情境——以湘渝黔"锰三角"环境治理为例［J］.华东经济管理，2012，26（7）：44—48.

⑥ 包国宪，王学军：以公共价值为基础的政府绩效治理——源起、架构与研究问题［J］.公共管理学报（哈尔滨），2012，9（2）：89—97.

表 5-5　有关流域环境治理绩效研究的部分观点

序号	主要观点	代表学者	时间
1	相互支持、柔性	Gulatiot	2005
2	可持续性、伙伴关系治理	陈瑞莲	2008
3	治理网络、协调机制	杨龙	2009
4	成本节约、服务对象满意	姚引良	2010
5	可持续、稳定性	刘波	2011
6	合作成本、合作收益	张成福	2011
7	满意度和区域治理联盟是否形成	蒋辉	2012
8	公共性、合作生产、可持续三个维度	包国宪	2012

本研究认为，流域环境治理绩效的度量是一个多重目标的集合。

首先，应该反映环境质量的改善程度，即环境治理的期望绩效和实际绩效之间的比较，环境治理是否达到了拟定的治理目标，因为治理绩效不仅是一个绝对值，还反映为与事前期望目标相比较而得到的相对值，比如环境污染程度是否减轻，各类污染指标是否下降等等

其次，流域环境治理绩效是否得到了各个利益相关者的认可，比如，公众的满意程度、上级政府或中央政府对当前地方政府间协作治理的绩效是否满意。再次，流域环境治理绩效应该反映治理主体间对当前合作治理关系的满意程度（smoothness），即地方政府对当前形成的环境合作治理关系是否满意，因为绩效不仅是某种经济目标是否实现，还反映为合作的过程"是否愉快"，这将是直接影响目前形成的环境治理关系是否"可持续"的关键指标，对于地方政府间协作程度的进一步深化以及区域经济一体化程度加深具有重要意义。

因此，本研究在借鉴现有文献的基础上，综合考虑环境治理目标、公众的满意度、环境治理成本、上级政府（或中央政府）的满意度、政府间合作利益的生成、合作意愿的可持续性、流域环境治理联盟是否形成等因素，从直接治理效果和间接治理效果两个维度设置了 9 个指标来衡量流域环境的治理绩效，以便反映地方政府间在流域环境污染问题治理上的合作效率和合作效果（见表 5-6 所示）。

表 5-6　"锰三角"清水江流域环境治理绩效的测量

变量名称		解释	测量条款
直接效果	治理绩效	"锰三角"锰渣污染治理是否达到预期目标：治理目标是否实现，治理成本是否下降	R1："锰三角"地区"锰渣"污染状况得到了显著改善；
	满意度	群众、上级政府或中央政府是否对治理成效满意	R2：环境治理成效得到了上级或中央政府的肯定
			R3：环境治理成效得到了沿江百姓的充分肯定
间接效果	合作的可持续	地方政府间对合作关系的满意程度	R4：我们之间合作的积极性增加了
		地方政府间合作治理的积极性	R5：我们之间的合作治理的范围扩大了，有了更多合作机会
		地方政府间合作的范围是否扩大到其他领域	R6：我们希望这种协作治理关系持续下去

（2）解释变量

本研究的解释变量主要有地方政府间合作治理因素、地方政府间合作治理的关系质量、流域环境治理的环境因素三个部分组成，测试题目来源主要分为三类：一是直接引用在国内外文献中出现，且已被经验研究证实，信度、效度均较高的测量项目；二是借鉴已有的国内外研究，并结合本研究以及"锰三角"清水江流域环境治理的实际情况，在实地访谈的基础上，进行修改而得到的测量项目；三是根据本研究的特点，与相关领域内的专家学者进行交流，并在对实地调研和深度访谈的基础上，根据专家意见及访谈结果对测量项目进行研究设计。

①地方政府间合作治理因素的测量——地方政府间合作治理程度

流域环境的网络化治理要求成员对合作治理抱有积极的治理态度和行为。因此，成员的态度、能力以及为建立和维持治理网络的投入对合作效果有重大的影响。Mc Guire 认为政府作为公共政策制定者和执行的掌舵者，应该在合作管理中发挥重要作用[①]。并且，由于流域环境治理的复杂性，地方政府仍

---

① McGuire, Michael. Managing Networks：Propositions on What Managers Do and Why They Do It[J]．Public Administration Review，2002，62（5）：599—609.

然是流域环境治理的主导力量[①]。因此，本研究将主体因素分为合作治理态度、治理资源投入和合作治理能力等 3 方面内容。根据理性行为理论，合作态度会通过合作者的行为来影响效果，本文对合作态度的测量包括部门会议的提及状况、工作计划的相关安排、目标责任的内容和战略规划重点等几个方面；治理资源投入多少和合作治理能力的高低也是治理效果的重要制约因素。因此，关于地方政府合作程度的变量指标是在参考赵艳萍等[②]、蔺丰奇等[③]、姚引良等[④]等人的相关研究成果的基础上，并结合实际调研情况进行了一定的自主开发（见表 5-7 所示）。

表 5-7 清水江流域水污染治理中地方政府间合作治理程度的测量

变量名称		解释	测量条款
地方政府合作治理因素	合作治理的态度	是否召开过专门的治理会议？	A1：我们专门召开了协同治理的会议，下发了文件
		是否有制定过相应的治理计划，明确治理目标？	A2：我们自己有相应的治理计划和治理目标
		是否有环境治理责任考核制度？	A3：我们制定了环境治理的责任保证书和考核办法
		是否采取过积极有效的污染治理行动？	A4：我们多次实施了整顿、关闭污染企业的行动，治理效果明显
	治理资源投入	是否有专门的治理机构？	B1：我们成立了专门的治理机构，有专人来负责
		是否安排了专项治理资金？	B2：我们有专项的治理资金，治理资金充裕，投入了大量的治理资金
		是否采用了新的污染处理和检测技术？	B3：我们引进了污染处理新技术和检测方法，确保检测信息的真实性

① 马学广，王爱民，闫小培：从行政分权到跨域治理：我国地方政府治理方式变革研究[J].地理与地理信息科学，2008（1）：49—55.

② 赵艳萍，王友发，邓小健，刘凤英：合作能力与中小企业绩效相关性的实证分析[J].江苏大学学报（社会科学版），2008，（5）：83—86.

③ 蔺丰奇，刘益：技术联盟中技术合作效果的影响因素及对策研究[J].科技管理研究，2007（8）：211—214.

④ 姚引良，刘波，王少军，祖晓飞，汪应洛：地方政府网络治理多主体合作效果影响因素研究[J].中国软科学，2010（1）：138-149.

变量名称	解释	测量条款
合作治理能力	合作伙伴选择的能力：是否经常联合执法？	C1：我们经常开展联合执法
	资源整合的能力：是否经常举办合作论坛、召开合作会议？	C2：我们经常举办区域合作论坛，强化我们之间的合作关系
	利益协调的能力：是否经常协调？	C3：我们需要经常协调，来推动环境问题得到有效解决
	建立合作机制的能力：是否建立起一定的合作机制或合作机构？	C4：我们能够相互合作，已经建立起一定的合作机制和合作机构
	危机处理能力：是否能够有效应对环境纠纷？	C5：当出现环境纠纷时，我们能够迅速有效地解决问题

②环境治理中地方政府间关系质量的测量——关系质量

由于政府间合作具有非常明确的社会交易特征，合作各方的互利行为、共同问题的解决以及充分的信息交流都往往不能通过合同中具体的条款来规定[①]，因此合作各方的关系质量成为分析合作效果时不可忽略的因素。本文对关系质量的测量包括地方政府间的信任、沟通和协同[②]，信任是合作各方有效协调与沟通的前提，沟通有利于信息的传播，协同一致共同解决合作中出现的问题能够排除网络运行中的障碍，使合作向更好的方向发展。本部分的度量指标主要参考Uzzi[③]、Tsai[④]、徐冠南[⑤]、贾生华[⑥]、胡平[⑦]等人的研究成果和测量

---

① 赵文红，邵建春，尉俊东：参与度、信任与合作效果的关系——基于中国非营利组织与企业合作的实证分析［J］.南开管理评论，2008，11（3）：51—57.

② 胡平，甘露，罗凌霄. 影响地方政府部门间信息共享的影响因素内部结构研究［J］. 情报科学. 2008，26（6）：826—833.

③ Brian Uzzi.Social Structure and Competition in Inter-firm Networks：The paradox of embeddedness［J］.Administrative Science Quarterly，1997，（1）：35—67

④ Tsai，Ghoshal S. Social Cap ital and Value Creation：The Role of Interfirm Networks［J］.The Academy of Management Journal，1998，41（4）：464—476.

⑤ 徐冠南：关系嵌入性对技术创新绩效的影响研究［D］.杭州：浙江大学，2007.

⑥ 贾生华，吴波，王承哲：资源依赖、关系质量对联盟绩效影响的实证研究［J］.科学学研究，2007，25（2）：334—339.

⑦ 胡平，张鹏刚，叶军. 影响地方政府部门间信息共享因素的实证研究［J］. 情报科学，2007，25（4）：548—556.

指标①，并结合实际情况进行了一定的自主开发（见表5-8所示）。

表 5-8　清水江流域水污染治理中地方政府间关系质量的测量

变量名称		解释	测量条款
地方政府关系质量因素	信任	了解信任	D1：他们提供的环境质量检测信息是可靠的
			D2：我们的合作方可以依赖的
			D3：当前的合作值得我们投入更大的努力
		认可信任	D4：我们对他们采取环境治理行动的能力有信心
			D5：在环境执法检查中，即便我们不检查，他们也会主动完成检测任务
	沟通	沟通广度	E1：我们之间存在丰富的沟通交流渠道
		沟通频率	E2：当我们之间有冲突发生时，可以很好地沟通解决
		沟通途径	E3：我们之间经常相互往来，联合执法
		沟通质量	E4：合作方会隐瞒一些对我们非常有利的信息
			E5：我们之间的环境质量检测信息交换是非常及时的
	协同	共同解决问题	F1：我们都希望能够共同解决环境污染问题
			F2：我们会按照治理协议中的要求，完成治理任务
		帮助解决问题	F3：双方都愿意付出额外的努力来实现环境治理目标
		协作克服困难	F4：我们对合作治理取得成功存在相似的看法
			F5：我们都忠诚于彼此的合作治理关系

③环境治理中环境因素的测量——外部环境因素

环境治理不同于一般的公共事务治理问题，外部环境因素在环境治理运行中起着重要的作用。正如姚引良等②认为，"为了避免过低估计外部变化，环境应该作为计划、组织、指挥协调和控制以外的第六个管理方面被考虑进去"。即他认为环境对合作效果有影响作用，并对环境因素进行了阐述，包括3个方面：一是网络治理的对象区域是否有过类似的经历，这样可以帮助参与

---

① 胡平，甘露，罗凌霄：地方政府部门间信息共享的影响因素间关系研究［J］．管理工程学报，2009，23（3）：85—89.

② 姚引良，刘波，王少军，祖晓飞，汪应洛：地方政府网络治理多主体合作效果影响因素研究［J］．中国软科学，2010（1）：138—149.

成员熟悉合作流程和自己需要在其中扮演的角色；二是参与合作治理的重要成员是否被相关领域认可；三是政治和社会氛围是否支持，也即政治领导、资源持有者和公众是否对合作持肯定和支持的姿态。

　　结合以上相关研究，主要借鉴 Grey，B.（1996）的观点以及调研中的发现①，本研究将外部环境因素分为政治环境和社会环境。在调研中发现，上级政府或中央政府的支持，对地方政府间开展合作具有极大的影响，它们制定的相关政策或下发的专门文件，会对网络治理绩效产生巨大的影响。与此同时，在流域环境治理中，越来越多的其他群体（例如一些群众被邀请充当环境质量监督员）或社会组织（NGO 环保组织参与和科研机构等）的参与，也会影响地方政府合作治理环境污染的努力程度，最终影响流域环境的治理绩效。

　　具体到调研地区——"锰三角"清水江流域，该地区治理得到了除地方政府以外的其他力量的积极参与（例如例如一些群众被邀请充当环境质量监督员、"保护母亲河"环保组织、重庆绿源环保组织的参与以及重庆大学、浙江大学、中国环境科学院等科研机构的积极参与），这些因素在"锰三角"清水江流域环境治理走向成功过程中也扮演了重要的角色和功能。它们都应成为流域环境治理过程中需要考虑的因素。因此，本研究将政治环境界定为上级的支持（包括政策、资金等方面的支持）和上级的监督，社会环境定义为公众参与（包括环境治理的关注、参与和监督）、媒体参与（《南方窗》《南方周末》《中国新闻周刊》以及新华网、中央电视台等媒体）、NGO 组织的参与以及科研院所的参与。此部分的度量指标主要参考以上研究成果和测量指标，并结合"锰三角"清水江流域环境治理中的一些实际情况作了一定的修正（见表 5-9 所示）。

---

① Crey，B. Cross-sectoral Partners：Collaborative Alliances among Business，Government and Communities ［M］In C.Huxham（ed.）Creating Collaborative Advantage . Thousand Oaks，CA：Sage Publications，1996：57—79.

表5-9　清水江流域水污染治理中外部环境因素的测量

变量名称			解释	测量条款
外部环境因素	政治环境因素	中央政府支持	政策支持	G1：上级政府和中央政府的重视，下发了专门的通知或文件
			资金支持	G2：上级政府和中央政府安排了专项的治理资金
			技术支持	G3：上级政府和中央政府提供了专门的检测设备或检测培训工作
			上级监督	G4：上级和中央政府持续的监督发挥了很大的作用
	社会环境因素	公众参与	公众关注	H1：公众参与是推动环境污染得到有效治理的重要因素
			公众参与	H2：公众监督是推动环境污染得到有效治理的重要因素
			公众监督	H3：公众关注是推动环境污染得到有效治理的重要因素
		其他力量参与	媒体参与	J1：报纸、新闻媒体发挥的监督作用显著
			环保组织参与	J2：环保组织发挥的作用较大
			科研机构参与	J3：科研机构发挥了关键作用

（三）数据收集

1.调研对象的选择

根据研究内容，本研究的调研对象主要在重庆市秀山县、湖南省花垣县和贵州省松桃县的县政府、环保局、水务局、自来水公司、环境监测站、安监局、边城镇政府、洪安镇等政府相关部门或机构的工作人员，由于被访者大部分为本地人，因此，他们对该地区环境治理取得效果有着非常直观的感受，他们在问卷题项中的选择在很大程度上保障了治理效果的真实性。

另外，由于"锰三角"地区的锰渣污染治理成效明显，得到了上级政府和国家环保部门的肯定[①]，现在的"锰三角"清水江流域环境治理已经进入了

[①]　2009年10月，环境保护部负责人在实地考察了湖南花垣县清水江流域边城镇断面水质情况和湖南东方锰业集团股份有限公司污染治理情况后，认为"锰三角"环境整治为我国区域环境综合整治提供了宝贵经验，"锰三角"模式已成为跨域环境治理的典范。2010年1月，国家环保部相关负责人在湘黔渝"锰三角"区域环境综合整治督查工作会上高度肯定了"锰三角"锰污染治理成效。

"封库""尾矿治理"等更为深入的阶段，而秀山、花垣、松桃三县在推动环境治理过程中，合作范围和合作深度也逐步加入 ①，尤其是自 2007 年以后，三县通过签署《"锰三角"区域环境联合治理合作框架协议》②，先后举办了"锰三角区域旅游开发研讨会""三县轮流举办春节联欢晚会"等活动 ③，逐步加大了在流域环境治理方面的整合力度。2012 年 5 月，随着温家宝总理在该地区调研以后 ④，该地区被纳入了"武陵山区连片规划区域"，以上三县政府间的合作范围和合作内容更为扩大。另外，由于现在的治理效果明显，且治理成效得到了中央政府、省级政府和当地老百姓的肯定。因此，在三县的调研过程中，被访问人员一般都会愿意谈起他们在环境合作治理过程中的一些做法，从而降低了调研的难度，获得了相对多的样本量。此外，此次调研活动也得到了重庆绿源环保组织的大力支持。重庆绿源作为重庆市第一家绿色环保组织，其关注"锰三角"的锰渣污染治理近 10 年，在他们的协助下，有利于笔者和三县环境部门工作人员进行一些深度访谈，在一定程度上弥补了调查问卷了解问题难以深入的不足。

2. 研究进入的路径

笔者在"锰三角"地区的调研活动得到了在重庆、湖南工作的同学和老师的大力协助，先后两次赴"锰三角"地区进行调研 ⑤，历时近 1 个多月，从而在调研活动获得了较多的访谈机会和问卷样本量（见表 5-10）。

---

① 2012 年 1 月，三县在召开了三县残联工作交流会议等。在法律援助、纠纷调解、文化共享、两型发展等方面实现了和谐共赢，三县决定以轮流承办春节联欢晚会等形式，促进文化交流，增进民族团结。

② 2010 年 6 月，在环保部主持下，秀山、花垣县、松桃县三县县长签署《"锰三角"区域环境联合治理合作框架协议》。

③ 2012 年 2 月，湖南花垣、重庆秀山、贵州松桃 3 县在花垣县边城图书馆联合举行 2012 年春节联欢晚会，并在会上签署《共同打造中国边城旅游景区框架协议》。

④ 2012 年 5 月，温家宝总理在湖南湘西调研，随后，国家发改委批复了相关文件。

⑤ 这些问卷是 2012 年 10 月 8 日至 29 日，笔者在该地区第二次进行调查期间所做的问卷调查。

表 5-10　调查问卷发放情况一览表

类别	发放调查问卷	回收问卷	有效问卷	有效率
重庆秀山县	150	102	78	76.5%
湖南省花垣县	150	108	85	78.7%
贵州松桃县	150	96	68	70.8%
合计	450	306	231	71.7%

（四）信度和效度

前面分别从流域环境治理概念模型构建、研究假设提出、研究设计等方面对本研究主题内容进行了深入阐述，本节将在前面分析的基础上，通过应用相关统计知识、统计方法和统计软件（主要是 SPSS 17.0 软件），对实际调查获得的数据进行定量描述和分析，来确定流域环境治理各主体因素在环境治理绩效中的信度和效度，以及前面分析和归类的"锰三角"清水江流域环境治理效果的关键影响因素能否得到有效验证。

1. 信度分析

信度分析（Reliability Analysis）又称为可靠性分析，通过该检验可以测试资料的可靠性和稳定性，也可以评价在统计分析过程中，资料受到干扰因素所造成的随机误差的大小。信度分析有两个维度：可重复性（repeatability）和内在一致性（internal consistency）。其中，内在一致性维度是用来衡量构造变量项下的每一个测度条款与衡量该构造变量的其他条款之间能力相关的一种重要的验证性的测度。在李克特量表中常用的信度检验方法是"Cronbach α"（即克朗巴哈·阿尔法系数）和"折半信度"，α 系数是估计信度最低限度，用于估计内部一致性系数，用 α 系数优于"折半系数"。如果一个测试量表的信度越高，则表示量表越稳定。因此，我们用 Cronbach α 系数来测量本研究调查问卷的信度。一份信度系数好的量表或调查问卷，其量表的信度最好在 0.8 以上，如果在 0.7 至 0.8 之间，为可以接受的范围；如果是分量表，最好在 0.7 以上，如果是在 0.6 至 0.7 之间，也可以接受使用[①]。对变量内在一致

---

① 吴明隆：SPSS 统计应用实务：问卷分析与应用统计［M］.北京：科学出版社，2003 年版，第 109 页.

性的判断，不仅可以判断原构造变量是否合适，而且可以根据"个项——总量修正系数"对测量条款进行修正[1]：如果某个观测变量的"个项——总量修正系数"低于0.5，除非有特别的理由，一般都应该把这个测量条款删除，从而提升整个构造变量的 Cronbach α 系数[2]。

Cronbach's Alpha 判断标准是[3]：如果将某个题项剔除以后，该构造变量的 Cronbach's Alpha 系数比剔除该题项之前的系数要高，则表明该测量题项与其它测量题项的相关性较低，正是由于剔除了这个题项以后构造变量的总体相关性得以提高；反之，则要予以保留。

本信度分析是运用 SPSS 17.0 统计软件进行分析（包括总体量表信度分析和分量表信度分析两个方面），将置信区间确定为95%，模型为 Two-Way Mixed，类型为 consistency，量表信度见表 5-11 所示。

表 5-11　总体量表和分量表信度的分析

分类	测量题项	Cronbach's Alpha 值		题项编号	删除该题后的 α 值
地方政府间合作治理因素	合作态度	Cronbach's Alpha	.888	1	.854
				2	.832
		Cronbach's Alpha Based on Standardized Item	.890	3	.837
				4	.897（删去）[4]
	治理资源投入能力	Cronbach's Alpha	.918	5	.876
		Cronbach's Alpha Based on Standardized Item	.918	6	.882
				7	.886
	合作治理能力	Cronbach's Alpha	.894	8	.890
				9	.871
		Cronbach's Alpha Based on Standardized Item	.896	10	.869
				11	.864
				12	.859

---

① 范柏乃，蓝志勇：公共管理研究与定量分析方法［M］.北京：科学出版社，2008年版，87页．

② 薛薇：SPSS 统计分析方法及应用［M］.北京：电子工业出版社，2010年2月，第2版，第367页．

③ 薛薇：SPSS 统计分析方法及应用［M］.北京：电子工业出版社，2010年2月，第2版，第368页．

④ 删去原因见上文解释，以及参考薛薇：SPSS 统计分析方法及应用［M］.北京：电子工业出版社，2010年2月，第2版，第367页．

续表

分类	测量题项	Cronbach's Alpha 值		题项编号	删除该题后的α值
地方政府关系因素	地方政府之间信任	Cronbach's Alpha	.861	13	.825
				14	.802
		Cronbach's Alpha Based on Standardized Item	.864	15	.828
				16	.874（删去）
				17	.827
	地方政府之间沟通	Cronbach's Alpha	.883	18	.854
				19	.842
		Cronbach's Alpha Based on Standardized Item	.888	20	.845
				21	.898（删去）
				22	.896（删去）
	地方政府之间协同	Cronbach's Alpha	.863	23	.826
				24	.791
		Cronbach's Alpha Based on Standardized Item	.863	25	.800
				26	.877（删去）
外部环境影响因素	中央政府支持	Cronbach's Alpha	.926	27	.897
				28	.895
		Cronbach's Alpha Based on Standardized Item	.926	29	.905
				30	.913
	公众参与	Cronbach's Alpha	.944	31	.939
		Cronbach's Alpha Based on Standardized Item	.945	32	.888
				33	.930
	媒体及其他组织参与	Cronbach's Alpha	.885	34	.879
		Cronbach's Alpha Based on Standardized Item	.887	35	.818
				36	.836
流域环境治理绩效	治理绩效	Cronbach's Alpha	.904	37	.895
				38	.897
				39	.896
		Cronbach's Alpha Based on Standardized Item	.905	40	.911（删去）
				41	.882
				42	.879
				43	.881

2. 效度分析

效度（validity）是指测量工具能够正确测量出（研究者所设计）的特质的程度，在对构建效度进行检验。通常认为因子分析是检验此效度的常用方法[①]，若能有效地提取共同因子，且此共同因子与理论结构的特质较为接近，则可判断测量工具具有构建效度。SPSS 软件提供了反映对象相关矩阵、Bartlett 球度检验、KMO 测度 3 个统计量帮助判断观测数据是否适合因子分析。本研究根据大部分研究中采用的方法选择 Bartlett 球度检验和 KMO 值来进行判断。如果 Bartlett 球度检验的统计量观测值较大，并且对应的概率 P 值小于给定的显著性水平 α，则认为相关系数矩阵不太可能是单位矩阵，则原有矩阵适合作因子分析；KMO 统计量的取值在 0-1 之间。当所有变量间的简单相关系数平方和远大于偏相关系数的平方和时，KMO 值接近于 1。该值越接近于 1，则变量之间的相关性越强，原有变量越适合作因子分析。通常认为，当 KMO 值 >0.7，各变量的荷重均大于 0.5 时，可以通过因子分析将不同变量合并为一个因子进行后续分析[②]。

（1）地方政府间合作治理因素的效度分析

通过对流域环境治理中地方政府治理维度的 12 个题项进行计算，问卷的 KMO 值为 0.777，Bartlett's 球度检验的显著性水平小于 0.001，即 p<0.001. 这个结果显示 KMO 值大于 0.5 且 p 值小于 0.05（符合前面所述的因子分析条件），表明相关系数矩阵和单位矩阵有显著差异，可以认为数据适合做因子分析（见表 5-12 所示）。

表 5-12　地方政府间合作治理因素的 KMO 值与 Bartlett's 球度检验结果

KMO 值	0.777	
Bartlett's 球度检验	近似卡方值	1642.388
	自由度（df）	55
	显著性（Sig）	0.000

---

① 吴明隆：SPSS 统计应用实务：问卷分析与应用统计 [M]．北京：科学出版社，2003 年版，第 109 页．

② 马庆国，管理统计：数据获取、统计原理 SPSS 工具与应用研究 [M]．北京：科学出版社，2002 年版．

（2）地方政府间关系质量因素的效度分析

通过对流域环境治理主关系质量因素的 10 个题项进行计算，问卷的 KMO 值为 0.774，Bartlett's 球度检验的显著性水平小于 0.001，即 p<0.001。这个结果显示 KMO 值大于 0.5 且 p 值小于 0.05（符合前面所述的因子分析条件），表明相关系数矩阵和单位矩阵有显著差异，可以认为数据适合做因子分析（见表 5-13）。

表 5-13　地方政府间关系质量因素的 KMO 值与 Bartlett's 球度检验结果

KMO 值		0.774
Bartlett's 球度检验	近似卡方值	1508.831
	自由度	55
	显著性	0.000

（3）外部环境因素的效度分析

通过对流域环境治理外部环境因素的 10 个题项进行计算，问卷的 KMO 值为 0.756，Bartlett's 球度检验的显著性水平小于 0.001，即 p<0.001. 这个结果显示 KMO 值大于 0.5 且 p 值小于 0.05（符合前面所述的因子分析条件），表明相关系数矩阵和单位矩阵有显著差异，可以认为数据适合做因子分析，见表 5-14 所示。

表 5-14　外部环境因素的 KMO 值与 Bartlett's　球度检验结果

KMO 值		0.756
Bartlett's 球度检验	近似卡方值	1845.396
	自由度（df）	45
	显著性（Sig）	0.000

（五）流域环境治理效果的影响因素的验证分析

1. 地方政府间合作治理因素的验证分析

（1）地方政府间合作治理因素的累计方差贡献率

以特征为 1 抽取公因子，共得到 3 个公因子，即因子 1-6，他们的累计方差贡献率为 78.451%，因此，解释度较高（见表 5-15），而后面的成分特征则贡献越来越小，基本可以忽略。

表 5-15　地方政府间合作治理因素的因子分析总方差解释表

因子	初始特征值			平方和载荷量抽取			旋转后平方和载荷量		
	总和	方差贡献率	累计方差贡献率	总和	方差贡献率	累计方差贡献率	总和	方差贡献率	累计方差贡献率
1	3.595	32.680	32.680	3.595	32.680	32.680	3.541	32.195	32.195
2	2.702	24.566	57.246	2.702	24.566	57.246	2.587	23.515	55.710
3	2.333	21.205	78.451	2.333	21.205	78.451	2.502	22.741	78.451
4	.564	5.127	83.577						
5	.426	3.876	87.454						
6	.310	2.822	90.276						
7	.284	2.583	92.859						
8	.230	2.090	94.949						
9	.216	1.967	96.916						
10	.176	1.600	98.516						
11	.163	1.484	100.000						

（2）地方政府间合作治理因素正交旋转后的因子载荷

采用正交旋转后的最大变异法（Varimax）对因子载荷矩阵进行旋转，以便更加清楚地观察单个题项与公因子的对应情况（见表 5-16）。

表 5-16　地方政府间合作治理因素旋转后的因子载荷矩阵

题项	公因子		
	1	2	3
第 11 题	.868	.035	.012
第 10 题	.844	−.059	.052
第 9 题	.833	−.064	.054
第 8 题	.771	−.061	−.054
第 5 题	−.018	.930	−.054
第 6 题	−.072	.923	−.047

题项	公因子		
	1	2	3
第 7 题	–.010	.922	–.010
第 2 题	.028	–.024	.935
第 3 题	.035	–.011	.899
第 1 题	–.022	–.074	.897

提取方法：主成分分析法。旋转法：具有 Kaiser 标准化的正交旋转法。

从表 5—15 至表 5-16 可以看出，公因子 1 与 11、10、9、8 这 5 个测量题项的相关性较高，可以命名为合作治理能力因子；公因子 2 与 5、6、7 这 3个测量题项的相关性较高，可以命名为治理资源投入能力因子；公因子 3 与 2、3、1 这 3 个测量题项的相关性较高，可以命名为合作态度因子。因此，流域环境治理中地方政府间合作治理三个方面的因素在问卷上得到了有效的验证。

2. 地方政府间关系质量因素的验证分析

（1）地方政府间关系质量因素的因子累计方差贡献率

以特征为 1 抽取公因子，共得到 3 个公因子，即因子 1-6，他们的累计方差贡献率为 76.925%，因此，解释度较高（见表 5-17），而后面的成分特征则贡献越来越小，基本可以忽略。

表 5-17　地方政府间关系质量因素的因子分析总方差解释表

因子	初始特征值			平方和载荷量抽取			旋转后平方和载荷量		
	总和	方差贡献率	累计方差贡献率	总和	方差贡献率	累计方差贡献率	总和	方差贡献率	累计方差贡献率
1	3.722	33.839	33.839	3.722	33.839	33.839	3.125	28.413	28.413
2	2.529	22.995	56.834	2.529	22.995	56.834	2.922	26.567	54.980
3	2.210	20.091	76.925	2.210	20.091	76.925	2.414	21.946	76.925
4	.520	4.724	81.649						
5	.430	3.907	85.556						
6	.398	3.616	89.172						

因子	初始特征值			平方和载荷量抽取			旋转后平方和载荷量		
	总和	方差贡献率	累计方差贡献率	总和	方差贡献率	累计方差贡献率	总和	方差贡献率	累计方差贡献率
7	.309	2.813	91.986						
8	.274	2.489	94.474						
9	.254	2.307	96.781						
10	.186	1.694	100.000						

（2）地方政府间关系质量因素正交旋转后的因子载荷

采用正交旋转后的最大变异法（Varimax）对因子载荷矩阵进行旋转，以便更加清楚地观察单个题项与公因子的对应情况（见表5-18）。

表5-18　地方政府间关系质量因素旋转后的因子载荷矩阵

题项	公因子		
	1	2	3
第19题	.904	.114	.043
第20题	.890	.114	.021
第18题	.830	.167	.054
第14题	.066	.904	−.058
第13题	−.025	.847	−.008
第15题	.195	.832	.010
第17题	.160	.799	.034
第23题	.024	.014	.903
第24题	.064	−.003	.893
第25题	.020	−.029	.889

从表5—17至表5-18可以看出，公因子1与19、20、18这3个测量题项相关性较高，可以命名为沟通因子；公因子2与14、13、15这4个测量题项相关性较高，可以命名为信任因子；公因子3与23、24、25这3个测量题项相关性较高，可以命名为协同因子。因此，流域环境治理中地方政府间关于质量的三个方面的因素在问卷上得到了有效的验证。

3. 外部环境因素的验证分析

（1）外部环境因素的因子累计方差贡献率

以特征为 1 抽取公因子，共得到 3 个公因子，即因子 1-3，他们的累计方差贡献率为 84.351%，因此，解释度较高（见表 5-19），而后面的成分特征则贡献越来越小，基本可以忽略。

表 5-19　外部环境因素的因子分析总方差解释表

因子	初始特征值			平方和载荷量抽取			旋转后平方和载荷量		
	总和	方差贡献率	累计方差贡献率	总和	方差贡献率	累计方差贡献率	总和	方差贡献率	累计方差贡献率
1	3.331	33.306	33.306	3.331	33.306	33.306	3.280	32.804	32.804
2	2.991	29.911	63.217	2.991	29.911	63.217	2.703	27.028	59.832
3	2.113	21.134	84.351	2.113	21.134	84.351	2.452	24.519	84.351
4	.376	3.759	88.110						
5	.306	3.056	91.166						
6	.251	2.509	93.675						
7	.244	2.442	96.117						
8	.169	1.693	97.809						
9	.136	1.365	99.174						
10	.083	.826	100.000						

提取方法：主成分分析。

（2）外部环境因素正交旋转后的因子载荷

采用正交旋转后的最大变异法（Varimax）对因子载荷矩阵进行旋转，以便更加清楚地观察单个题项与公因子的对应情况（见表 5-20）。

表 5-20　外部环境因素旋转后的因子载荷矩阵

测量题项	公因子		
	1	2	3
第 28 题	.919	−.006	.071
第 27 题	.917	.011	−.019

测量题项	公因子		
	1	2	3
第 29 题	.896	.016	−.005
第 30 题	.887	.028	.006
第 32 题	.011	.964	.091
第 33 题	.042	.939	.079
第 31 题	−.010	.934	.078
第 35 题	−.042	.076	.913
第 36 题	.041	.064	.901
第 34 题	.042	.097	.884

提取方法：主成分分析法。旋转法：具有 Kaiser 标准化的正交旋转法。

从表 5—19 至表 5—20 可以看出，公因子 1 与 28、27、29、30 这 4 个测量题项的相关性较高，可以命名为上级政府支持因子；公因子 2 与 32、33、31 这 3 个测量题项的相关性较高，可以命名为公众参与因子；公因子 3 与 35、36、34 这 3 个测量题项的相关性较高，可以命名为媒体、环保组织和科研机构参与因子；因此，流域环境治理中外部环境 3 个方面的影响因素在问卷上得到了验证。

4. 清水江流域水污染治理绩效与影响因素的总体分析

由表 5-15 至 5-16，5-17 至 5-18，5-19 至 5-20，可以看出，本节分析和挖掘影响"锰三角"清水江流域环境治理绩效的三个方面的影响因素（见表 5-3 所示，第 120 页）均在问卷上得到了有效验证，而这三个方面的影响因素也共同构成了清水江流域环境的治理网络，各个因素相互影响，不断突破已有的流域环境治理"一维"和"二维"困境，共同推动着清水江流域环境治理目标的实现，如图 5-4 和见表 5-21 所示。

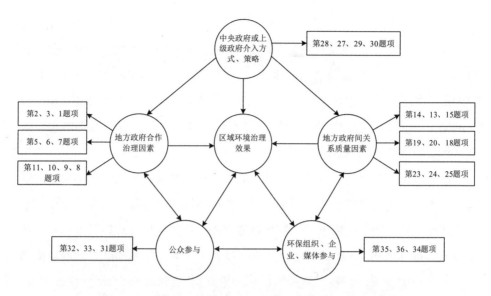

图 5-4 清水江流域水污染治理网络和关键影响因素

表 5-21 清水江流域水污染治理绩效与影响因素的总体分析

影响因素分类	组成因素	对应的题项	验证结果
地方政府合作治理因素	地方政府的合作态度	第 2、3、1 题项	得到验证
	治理资源的投入能力	第 5、6、7 题项	得到验证
	合作治理能力	第 11、10、9、8 题项	得到验证
地方政府间关系质量因素	地方政府间的信任	第 14、13、15 题项	得到验证
	地方政府间的沟通	第 19、20、18 题项	得到验证
	地方政府间的协同	第 23、24、25 题项	得到验证
外部环境因素	中央政府或者上级政府的参与和支持	第 28、27、29、30 题项	得到验证
	公众参与的程度、方式	第 32、33、31 题项	得到验证
	媒体、企业、环保组织、科研力量参与	第 35、36、34 题项	得到验证

三、小结

流域环境治理效果及其影响因素的讨论，不仅需要规范性的理论演绎，还需要运用正确的实证研究方法加以验证。本章分别用两小节对"锰三角"清水江流域环境治理中呈现的基本特征及其关键因素进行了深入分析。

　　第一节是基于第三、四章内容总结清水江流域水污染治理的基本特征，本研究认为清水江流域水污染治理呈现出一种多元主体参与的"网络化"治理模式，之后，我们对网络治理模式进行解读和分解，提炼出三个方面的关键因素，这三个因素相互支持，推动着该流域环境治理中"合作网络"和"执行网络"的生成，地方政府间合作治理关系螺旋式上升，进而促进清水江流域水污染治理绩效得到逐步实现。

　　第二节则是对前面一节总结出的影响因素进行验证，将其划分为地方政府间治理因素、地方政府间关系质量因素和外部环境三个方面。在此基础上，首先从问卷设计、变量指标设计、数据收集过程、数据处理方式以及数学模型选择等方面进行阐述；其次，问卷设计充分吸收了专家、学术团队、政府环境部门工作人员的建议，问卷设计经历了从理论到实践再到理论的反复修改过程，基本上保证了问卷的科学性、针对性和可操作性；再次，数据收集过程中充分考虑了样本代表性、问卷真实性、回收可行性等因素，在样本选择、被调查对象选择以及样本发放、回收和最终采用上都做了必要的限制或筛选，基本实现了数据的有效收集；对于数据处理和模型选择，本研究采用了类似或相关研究中的方法，一方面保证了研究方法的理论基础，另一方面也便于对最终形成的研究结果进行比较分析；最后，通过 SPSS 17.0 统计软件对 231 个样本进行了信度和效度检验，在此基础上又通过影响因子贡献率和主成分分析方法，对清水江流域水污染治理绩效及其影响因素进行验证分析，使得在前面分析归类的影响"锰三角"清水江流域环境治理的因素在问卷中得到了有效的验证，即这些因素共同推动清水江流域水污染治理由"久治不愈"到"成效显著"。在各个影响因素与环境治理绩效的路径效应方面，各个影响因素的影响路径系数并不相同，呈现明显的差异化特点，本研究认为清水江流域在当前虽然取得了明显的治理成效，在治理结构上也呈现多元主体参与的网络化治理特征，但是这种网络治理的程度和层次依然较低，只是初步形成了网络化的治理模式，是否具有较好的可持续性仍然是后续研究值得关注的问题。但是从本章的分析中也可以看出，清水江流域在历时 12 年的曲折治理进程，给我们提供了一些较好的治理经验。在下一章的分析中，本研究将进一步分析清水江流域水污染治理的研究发现，并提出我国流域水污染治理模式创新的政策建议。

第六章 清水江流域水污染治理的研究发现和我国流域水污染网络化治理模式构建

前面几章分别从清水江流域水污染治理的缘起与历史演进、治理过程比较、治理特征概括、影响因素凝练和实证分析等方面进行了系统剖析。本章将在前文分析的基础上进一步分析和总结研究发现，并提出我国流域环境治理模式创新的政策建议。

一、清水江流域水污染治理的研究发现

基于经验性的制度研究是有重要理论和现实意义的。清水江流域历时 12 年的曲折环境治理过程，虽然有自身的一些特点，但是环境治理效果由"久治不愈"到"成效显著"这一转变过程并非偶然，而是暗含了许多的环境治理理论和一些有助于其环境治理绩效实现的关键因素，通过第三、四、五章对清水江流域水污染治理的制度分析和经验分析，得出以下四个方面的研究发现，即多元治理主体参与的网络化治理、制度创新、激励机制设计、激励手段转变以及流域水污染治理模式由"地方分治"向"网络共治"转变。这些基于实际经验但又超越经验的治理逻辑和治理结构，为我们有预见性地分析和解决流域水污染问题构建了一个基本的制度分析框架，并为解决上述问题提供了可行的分析思路。

（一）流域水污染有效治理依赖合作治理网络的生成

清水江流域水污染治理历时 12 年的曲折进程表明，面对流域性的环境污染治理问题，如果各个行动者的治理策略仅仅集中在行政区行政的"地方分治"治理模式上，"自发治理""运动式"的"整顿关闭"策略就会失灵，结果只能使得环境污染问题更加"久治不愈"，即花垣、秀山、松桃如果都基于个体理性的角

度处理清水江流域环境问题，三县就会不可避免地陷入集体行动的"一维困境"和"二维困境"，导致环境治理无绩效。这就需要新的治理策略来突破原有的治理模式，清水江流域水污染污染问题最终得到有效治理的经验也进一步证明，只有兼顾到各个参与者的利益，只有多元主体参与的"合作网络"和"执行网络"得以生成，集体行动的困境才能被突破。正如埃莉诺·奥斯特罗姆教授所指出的："任何时候，一个人只要不被排斥在分享由他人努力所带来的利益之外，就没有动力为共同的利益做贡献，而只会选择作一个搭便车者。"① 清水江流域水污染治理中合作治理网络和合作执行网络的生成过程，见图 6–1 所示。

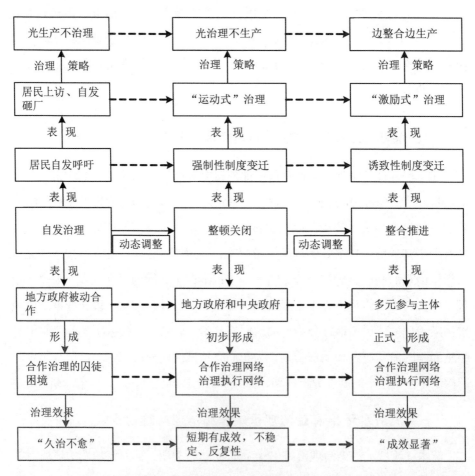

图 6–1　清水江流域水污染治理中合作治理网络和治理执行网络的生成过程

---

① ［美］埃莉诺·奥斯特罗姆著.公共事物的治理之道：集体行动制度的演进［M］.余达逊、陈旭东译.上海：上海三联书店，2000 年版，第 18 页.

（二）流域水污染有效治理得益于制度创新

清水江流域水污染治理的成功在于突破了传统的以行政区划为界限的"地方分治"形式的行政区分割治理模式，在治理特征上呈现出"多元主体参与治理、协同共生"的网络化治理结构，不断进行制度创新，它承袭了传统的"行政区行政"治理模式的有效因素——"中央权威"的作用，但在治理实践的过程中又形成了"中央——地方纵向协调""地方政府之间横向协调""NGO组织参与""各类媒体持续关注""乡村精英领导""群众自发抗争""治理的动态演进"等具有自身特点的治理模式，这种多元主体参与的网络化治理模式促使"锰三角"地区的政府之间、政府与民众、政府与企业之间进行利益博弈与双向互动，从而衍生出许多诸如中央政府与地方政府联动、地方政府间信任、沟通和协作治理机制建立、制度化的"公共论坛"（如三县地方政府每年轮流举办龙舟赛、春节晚会、旅游一体化协议等内容）等治理内容，这种合作治理制度的创新消除了单方治理的消极心理与搭便车的侥幸心理，打破了地方政府间治理信息交流的障碍，既实现了治理的效率，又保证了治理的效益，同时使得环境质量这一公共价值在清水江流域水污染治理中得到逐步实现。

（三）区域治理绩效实现依赖有效的激励机制设计

流域水污染问题的治理是一个复杂的系统性问题，引起地方政府间合作治理陷入困境的各种原因都会不断涌现，致使合作治理陷入"一维困境"和"二维困境"。值得注意的是，这种因为合作治理平台的乏力而造成难以对合作各方进行有效协调的情形，并不单单存在于"锰三角"清水江流域，近年来我国流域环境问题频频爆发，中央政府都无一例外采取了"运动式"的治理方式，但是治理效果却陷入了"危机爆发—运动式治理—取得效果—危机再爆发—再治理"这样一个循环。也就是说，当某种形式的合作治理不能给自己带来合作收益，或者合作成本大于合作收益，单个地方政府就会把这种合作治理行为看成是一种"配合行动"，而不是一种真正意义的互利合作，即便中央政府开展多次的"运动式"治理，流域环境问题仍然会"久治不愈"。

因此，如何进行有效的激励制度设计和约束机制设计，是推动地方政府间合作治理困境得以突破和环境治理绩效得以实现的途径。在清水江流域水污染治理过程中出现的"一维困境"和"二维困境"，这也是当前我国流域水污染治理过程中普遍出现的问题，例如，从江浙爆发10年恩怨的"筑坝事件"到松花江"污染"，再到广西龙江"镉污染"和山西"苯污染事件"，几乎我们都能看到各类污染治理的困境；而能否取得环境治理绩效的关键，在于能否突破这两重困境。清水江流域水污染治理的经验，是有效的激励机制设计和中央政府（或上级）的政府治理策略转变以及治理机制形成等因素（如图6-2所示）。

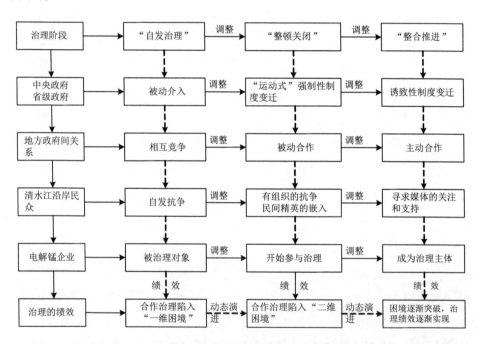

图6-2　流域水污染治理绩效依赖有效的激励机制设计和治理策略转变等因素

（四）流域水污染治理模式由"地方分治"向"网络共治"转变

制度总是存在于动态的发展过程中，在"不均衡—均衡—不均衡"的动态过程中实现利益调整。制度变迁是制度创立、变更随着时间变化而建立的一种新的利益均衡的方式，即一种效率更高的制度对另外一种制度的替代过程。正如新制度经济学相关理论指出的，任何一项制度的变迁都不是随意发生的，需要在成本和收益的基础上进行权衡。清水江流域水污染治理过程中呈现的是流域环境治理模式由"地方分治"向"网络共治"的一种渐进制度变迁过程（如图6-3所示）。

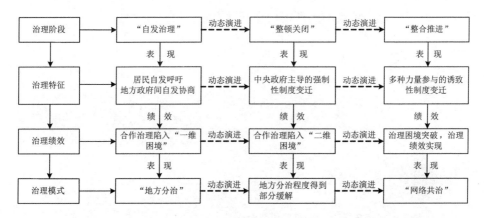

图 6-3 流域水污染治理模式由"地方分治"向"网络共治"转变

二、从地方分治到网络共治：我国流域水污染网络化治理模式构建

流域水污染治理中合作治理困境的解决不是一蹴而就的，也不是只关注前面提出的4个方面的研究发现就可以解决，但是每一种可能缓解流域环境治理困境以及有助于实现环境治理绩效的途径，都值得去关注、探索和验证。通过对清水江流域水污染历时12年曲折治理过程的分析，本研究认为构建流域水污染网络化治理模式能够有效缓解当前流域环境治理中出现的"一维""二维"治理困境；同时，积极构建流域环境网络化治理的运行机制和保障机制，也是促进流域环境治理网络生成和推动流域环境治理绩效逐步实现的重要保障。

（一）流域网络化治理模式的构建

1.流域网络化治理模式的构建——实现治理主体的多元思维

流域网络化治理模式是建立在区域共同利益的基础上，将区域内的相关治理主体全部纳入环境治理进程中，即中央政府、省级政府、地方政府、公众以及区域内的排污企业等主体都参与到流域环境治理中，并在治理过程中形成中央政府—地方政府、地方政府之间、地方政府—公众、地方政府—企业等多元主体参与、多元主体互动的网络化治理模式（即"网络共治"模式），这就突破了传统的以行政区划为界限的行政区分割治理模式（即"地方分治"形式），从而形成一种新的治理结构和制度安排，如图6-4所示。

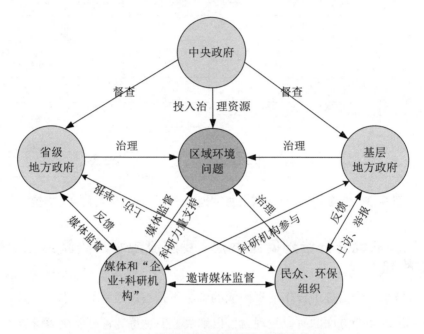

图6-4　流域环境网络化治理模式构建

在流域网络化治理模式中，中央政府、省级政府和地方政府发挥着关键节点的作用。这是因为流域网络化治理模式的建立要依赖政府层面的推动，包括中央政府自上而下的纵向推动和地方政府之间的横向推动，尤其中央政府的治理行为和治理策略调整，是流域环境治理网络的建立及其能否可持续的充分条件，与其他两级政府相比发挥着核心作用。当区域内的治理主体之间发生利益冲突的时候，它能够扮演最佳的"调停人"角色。它对于流域环境治理过程的关注，也使得地方政府间在流域环境治理过程中能够形成稳定合作预期，推动地方政府间的合作治理关系可持续。

企业也是流域治理网络中的重要角色。企业在生产经营过程中不仅会消耗大量的资源，其排放物（废水、废气、封尘等）会污染生态环境。因此，在流域水污染治理中，区域内的企业应主动承担起其应有的环境治理责任。除此之外，企业还需积极加强与其他环境治理主体的合作，特别是与地方政府的合作，响应地方政府的清洁生产要求，并且采取措施使其污染排放物要符合国家相关排放标准。

对于地方政府来说，则需要从两个方面来推动流域水资源的网络化治理：一方面，地方政府要要采取技术升级援助、税收减免、财政补贴等方式，鼓励辖区内的企业进行绿色设计和营销，开展清洁生产，大力发展循环经济；另一方面，地方政府之间也要积极沟通，定期召开由多个地方政府参加"联席会议"，建立一定的协作治理机制和危机处理机制，促进流域水资源治理网络的生成和执行网络的生成。

科研机构、环境 NGO 组织和媒体在流域水资源治理网络中也发挥着重要的作用。环境 NGO 组织不仅是沟通网络各主体的重要中介和纽带，在各个层次上都可以发挥极强的沟通功能，而且在流域环境治理方面，NGO 组织也具有自己独特的优势，能与地方政府和企业形成较好的合作互补关系。首先，这类组织可以发挥智囊团作用，即从相关专业角度为地方政府的流域环境治理政策提供政策支持；其次，它们可以弥补地方政府在环境治理和环境监测方面的不足，有效监督、检查、监测区域内环境治理出现的情况，在企业违法排污行为发生时能及时发现并制止，有效协助政府环保部门的环境管理和监控；再次，环境非政府组织也不仅仅是监督，还可以向企业提供环境保护方面的咨询和帮助，例如为企业选址、产品深加工、污染物处理提供技术支持，提高企业的环境治理能力；最后，媒体的曝光也可以使得地方政府能够及时了解企业排污行为，以及流域环境治理进程中出现的问题，发挥监督作用①。

公民参与也是流域水资源治理网络不可缺少的主体，可以在流域环境治理中发挥特定的作用。一方面，在政府的环境决策过程中，公民可以通过听证会、论证会、互联网、热线电话等方式，提出意见和要求，以保证政府环境决策的科学、公平和合理；另一方面，公众作为流域环境的直接利益相关者，

---

① 沙勇忠，李文娟：公共危机信息管理 EPMFS 分析框架［J］．图书与情报，2012（6）：81—90.

最熟悉、最了解所处区域的环境治理状况，也可对区域内企业违法排污进行举报和监督，向地方政府提供信息，或者向媒体通报，曝光企业的排污行为，促使企业进行技术升级和产品升级，向循环经济转型。

2. 构建流域水资源网络治理模式的运行平台——网络治理平台

在流域环境网络化治理过程中，各类合作治理困境的突破点在于构建的流域环境治理网络能否有发挥作用的合作治理平台，使得流域环境治理的各个利益相关者都能够投入各自具有比较优势治理资源，形成一种治理的合力，进而取得理想的环境治理效果，见图6-5所示。

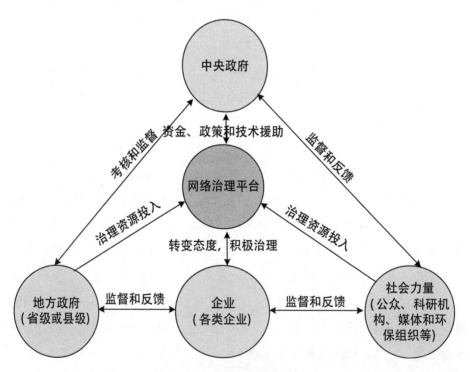

图 6-5 流域水资源网络治理模式的治理平台构建

首先，构建合作治理平台，是现阶段制度环境下地方政府间缓解合作困境相对比较可行的途径。如前文分析，地方政府间的合作会遭遇到包括"块块""条条"上的在内各种困难，有些困难，比如现行行政管理体制的问题、部门利益分割的问题，都不是单个地方政府能力范围内容易解决的问题，但是通过构建合作共治的平台，为利益相关者提供协商讨论的方式，来制定各方都能认可和接受的政策内容。

其次，地方政府间合作陷入困境的一个原因在于缺乏区域内各个利益相关者真实意愿表达的场所，即缺乏一个让不同的利益相关者直接对话、真诚协商、求同存异的平台。区域合作中的政府的作用既不是单方的决定合作项目和内容，也不是一厢情愿地制定合作政策，而应该是共建一个合作治理的平台。流域环境问题的治理是一个复杂的相互作用过程，这些相互作用涉及区域内多个利益群体和多重利益团体，合作方案是许多不同意见和利益的混合物。地方政府在区域合作中应该与多重利益相关者在一起为区域所面临的问题寻找解决办法。地方政府的角色应该从控制转变为议事安排，使得相关者坐到一起，为促进公共问题的解决提供便利。中央政府所扮演的角色也应该是调停者和中间人，并且"这些新角色需要的不是管理控制的老办法，而是做中介、协商以及解决冲突的新技巧"①。此外，在流域环境治理中地方政府还需要扮演好的是组织者、倡导者和服务者的角色。

再次，从我国流域水资源治理的现实情形和实践来看，单个地方政府对于流域环境治理的治理意愿和动力不足，因此，网络治理平台不能仅仅依靠地方政府间之间自主协商来推动建立，而应该更多地需要人为设计来规范，由中央政府的强制力来推动建立区域性的联席会议制度或者区域性的协调组织，是当前在环境治理过程中成本较低且治理效率较高的一种方式。

最后，对于区域内的排污企业，地方政府一方面要在减排技术、淘汰落后产能以及清洁生产方面给予资金和政策支持，促使其产品转型升级，向"减量化""再利用"方向发展；另一方面，地方政府要联合公众、科研机构以及环保组织，加强对本区域内企业的监管。除此之外，地方政府还可以聘请一些媒体、公众作为环境督察员，做好环境监督工作，尤其是当企业违法排污事件发生后，要积极予以督查，加大违法惩戒力度。

（二）流域水资源网络化治理的运行机制和保障机制构建

流域水资源网络化治理模式的建构，一方面需要将多元治理主体全部纳

①　［美］尤金·巴达赫：跨部门合作：管理"巧匠"的理论与实践［M］.周志忍，张弦译.北京：北京大学出版社，2011 年版，第 80 页.

入到流域环境治理过程中，形成流域环境治理网络；另一方面，也需要一定的运行机制和保障机制，促使流域水资源网络化治理模式能够可持续。因此，本研究认为，构建流域环境网络治理的运行机制和保障机制，能够有效提升流域水资源网络治理模式的治理效率，促进流域环境治理目标的实现。

1. 构建流域水资源网络治理的动力机制——纵横两种力量的推动

（1）"自上而下"纵向压力和推力——政治权威的持续支持

在流域环境治理中，基于地方利益考虑的单个地方政府往往缺乏积极的回应，从而致使地方政府间陷入合作困境。这是流域环境治理过程中出现困境的一种普遍表现，其根本原因在于单个地方政府无法对流域环境治理作出有利于自身的成本和收益预期。因此，要推动流域内地方政府间合作的顺利进行，除了需要地方政府需要源自经济社会发展和区域公众利益要求的合作意愿之外，还需要来自参与合作治理的地方政府之外更高层面——中央政府的支持和推动。这既是我国现行行政管理体制下政府科层制运作的客观要求，也是我国自上而下的官员考核机制和晋升机制的必然。在流域环境治理的实践过程中，中央政治权威对合作态度往往起着助力或者阻力的作用。当政治权威持有赞成态度时，能够促进相关政策和项目迅速上升为国家意志。而当政治权威对合作丧失兴趣、缺乏持续关注和信心时，也就会使得合作的机会之窗再次关闭。因此，中央权威的参与和持续支持，将使地方政府对合作治理的政治预期趋于稳定，并通过相关政策资源的注入以强化地方政府流域环境治理的积极性，使得地方政府不会认为是"一阵风"或一次"环保风暴"，而在各种外在压力和资源性诱惑下，地方政府之间最终会积极寻求相互合作，并通过合作、协调、谈判来建立伙伴关系，以便确立集体行动的目标等合作治理内容，进而对流域水资源的联合治理产生积极影响。

（2）地方政府间横向合作的动力机制——合作收益的驱动

在流域水资源治理困境的缓解和治理绩效的实现，也依赖地方政府间横向合作力量的推动。一方面，在环保考核"摘帽子"压力和地方政府整体利益转型的多重压力下，地方政府之间能够坐在一起集中讨论流域环境的协调治理；另一方面，在流域环境治理中，只有地方政府间合作治理态度、合作治理能力、治理资源投入能力在相互的沟通、协调中得到不断的确认和认可，单个地方政府对流域环境治理的前景、绩效有了更为直接的认识，合作治理收益有了可预期性，流域环境治理才能得到稳步推进。然而，当前流域环境问题不断涌现的现实、证明，如果少了地方政府之间的横向推动，仅靠自上而下的行政命令，还不足以推动地方政府间展开有实质成效的合作行为；地方政府间的合作治理要么貌合神离，或者会出现"会上签协议，会下各忙各"的治理困境，陷入停滞或者无果而终，甚至使得某个问题更加"久治不愈"。

因此，只有从纵向和横向两个维度构建流域水资源网络治理的动力机制，才能够有效避免治理中可能出现的各种合作困境情形，进而共同推动地方政府间合作治理行为带来有绩效的产出，使得流域水资源治理绩效呈现螺旋式上升状态并具有稳定性和可持续性。

2. 构建流域水资源网络治理中地方政府间合作治理的联动机制

在流域水资源治理过程中，地方政府间的信任、沟通和协同是影响流域环境治理绩效的重要因素，因此，有必要构建地方政府间的信任机制、沟通机制和利益协调机制，激发地方政府合作治理的动力。

（1）构建地方政府间的信任机制

信任是合作的粘合剂，信任的缺乏会破坏联盟的关系。作为经典社会学奠基人之一的齐美尔认为，信任是社会中最重要的综合力量之一[①]；卢曼在《信任与权力》中提出，信任是简化复杂性的机制之一[②]。可见，互相信任可以推动网络治理中的参与者合作，减少集体行动的障碍，出现一个正和的博弈结果。因此，构建流域水资源网络治理模式的信任机制必须消除中央政府与地方政府之间的命令与服从关系，努力构建利益协调一致关系；消除政府环境保护部门和企业之间的敌对关系、地方政府之间利益竞争关系，努力构建信任合作的伙伴关系。同时，由于缺少严格的契约约束和权力保证，为了避免信任机制存在的风险，还需建立各种信息强制披露机制以及具有实效的政策评估机制，建立政府纵向政策反馈和横向合作交流的平台、政府与企业的治理

---

① ［德］齐美尔.社会是如何可能的：齐美尔社会学文选［M］.林荣远编译.广西师范大学出版社，2002 年版.

② ［德］尼克拉斯·卢曼.信任：一个社会复杂性的简化机制［M］.翟铁鹏，李强译，上海：上海世纪出版集团，2005 年，第 10 页.

技术交流平台、政府与公众或 NGO 的平等对话平台，促使地方政府间在流域水资源治理过程产生良性互动，消除不信任感，增强单个地方政府主动进行治理的积极性。

（2）构建流域环境网络治理的维护机制

流域水资源网络化治理过程中的参与者，在某些领域可相互协作地采取联合行动，但在另一些领域则又是相互竞争对手，这就存在着风险和冲突[①]。由于网络治理不具有类似科层治理的权威结构来保护治理者的权益，因而更多依赖社会关系的嵌入结构来发挥维护的效力。既定的、正式的法规在网络治理中具有不可或缺的作用，对于网络的运营和维护必不可少。在流域水资源污染网络治理中，对于网络参与者欺骗行为、传递某些虚假信息，应该引入一个附加参与人，即网络仲裁者。中央政府就可以成为流域水污染网络治理中的网络仲裁者，发挥着聚集和传播信息、调解纠纷的作用。中央政府有责任和义务充分考虑网络中参与者的行为特征，在征求上下游地方政府、居民以及 NGO 意见的情况下，制定相应的法规政策，包括举行联席会议制度、联合执法、定期污染信息通报、流域环境合作治理论坛等内容，来共同维护流域水资源治理网络的正常运作，以便实现流域污染治理的目标。

3. 构建流域水资源网络治理的利益协调机制

为了更好地培育流域水资源污染治理网络的信任关系，单独依靠政府的管制是不够的，更重要的在于协调机制。在网络治理中，协调机制使参与者能在制定决策时进行沟通，并在信任与互惠的基础上共同确立其战略定向协调机制还能实现专用资源、隐喻信息与知识的共享，参与者能利用资源、隐喻信息与知识的超边界的流动与传播，来扩展自身的竞争优势和发展潜在的核心能力。更为重要的是，协调机制能节约网络的运行成本与参与者之间的交易费用，因为网络治理众多的协调行为建立在"隐性的与无时限"的合约之上[②]。在流域水资源污染治理过程中，由于污染治理存在外部性，即指一部分通过集体行动对另一部分人施加的外部成本（或收益），如果在缺少利益协

---

① 谭莉莉：网络治理模式探析［J］. 甘肃农业，2006（6）：209—210.
② 彭正银：网络治理理论探析［J］. 中国软科学，2002（3）：50—54.

调机制的情况下，可能会导致流域环境污染治理投入不足和排污过度现象。

流域水污染网络治理的利益协调机制，也可称之为生态补偿机制，实质上是通过横向或纵向财政转移支付的方式，将流域水资源污染治理成本在流域环境收益的相关主体之间进行合理的再分配。它主要包括补偿主体与客体的界定、补偿资金的测算及其分摊机制、补偿资金的筹集、使用和管理机制等基本内容[①]。此外，信息共享是协调机制一个重要组成部分。在流域水污染治理过程中，水环境质量、污染物指标等监测信息和先进治理技术信息对促进治理主体之间的信任关系具有举足轻重的作用[②]。因此，就目前流域水污染治理而言，应该构建中央政府与地方政府、地方政府与地方政府、政府与企业、政府与私人部门等交流平台，促进治理主体之间利益协调和环境信息共享。例如在流域内部出台流域生态补偿办法、设立流域环境治理基金、污染物减排专项资金等，来激励流域内地方政府和相关责任主体加强辖流域内的环境治理。

4. 构建流域水资源合作治理网络中地方政府间的制衡机制

流域环境的有效治理，一方面依赖地方政府间的合作治理态度、治理能力以及相互之间的信任、沟通和承诺机制，另一方面则来自有效的约束和制衡机制，作为一种事后制度安排，其重要作用在于对违反"游戏规则"者予以惩罚，以使违规者望而生畏，从而规避合作行为被破坏[③]。因此，有效的约束和制衡机制的制度设计，能够避免由于地方政府间的"搭便车效应""机会主义行为"导致合作治理困情形的出现，会促使地方政府主动承担在流域治理中的职责，推进流域治理绩效的逐步实现。

（1）建立流域环境保护定期联席会商制度

在流域环境治理过程中，政府之间应该建立流域环境联合治理联席会议制度，并按照约定时间定期在地方政府之间轮流举办和主持，以便交流治理

---

① 胡熠，黎元生：论流域区际生态保护补偿机制的构建——以闽江流域为例［J］. 福建师范大学学报（哲学社会科学版），2006（6）：53–58.

② 沙勇忠，李文娟：公共危机信息管理 EPMFS 分析框架［J］. 图书与情报，2012（6）：81—90.

③ 刘红芹，沙勇忠：应急管理协调联动机制构建：三种视角的分析［J］. 情报杂志，2011（4）：18—26.

经验，通报环境信息，共同研究解决区域性和跨界性生态环境问题，加快形成"共防、共治、共保、共建、共享"的良好合作局面。

（2）建立流域污染联防联控长效机制

一是地方政府必须紧紧围绕促进经济发展方式转变，根据流域环境容量和区域总量控制目标，优化区域经济布局。上游地区拟建影响质量的建设项目，经环境影响评价预测可能会影响跨界断面水质或造成超标的，在环评文件审批前，应征询下游相邻县人民政府的意见，加强污染联防共治，做到降耗、减污、增效。

二是实行河长 / 河段环境质量负责制，实施流域停产制度。当省际交界断面的特征污染物超过国家标准时，上游人民政府应立即采取强制措施，对该河段内所有排放该特征污染物的企业实施重点排查，直至排查出责任主体。

三是共同实施区域联合执法监督和信息通报机制。例如建立信息季度通报机制，及时通报环境监测、污染纠纷和应急事故等信息，相互成立联合检查组，开展定期、不定期现场检查或和对口互查。

（3）建立跨界生态环境事故协商处置机制

做好事故发生通报和处置工作，当发生环境污染事故或出现环境质量异常，可能影响下游地区时，事故发生地地方政府应及时将事故基本情况告知受影响县人民政府，并立即启动环境突发事件应急预案，提出控制、消除污染的具体应急措施，积极协调处理纠纷，并按照协商处理意见予以落实。

5. 完善流域网络治理的公众参与机制

公众参与是环境治理的重要力量，公众通过多种途径积极参与环境治理有利于克服政府环境保护与治理的信息不完全、减少公共决策中的不对称利益与成本问题，从而提高生态环境保护与治理的绩效。目前，环境保护领域公众参与和舆论监督机制尚不完善，要实现流域环境治理目标，必须进行有效的机制设计，采用各种途径动员和组织各方面的力量，积极参与流域环境生态环境保护与建设，形成一种流域环境治理的合力。结合研究案例，本研究认为要发挥公众参与在流域环境治理中的作用，应从以下几方面努力。

（1）大力开展环境宣传教育，提高全民环境治理参与意识

对公众进行科学发展观和"美丽中国"等环保理念的宣传与教育，注重

公民环境权利观念和环保义务意识的培养，广泛动员社会各阶层自觉参与流域环境治理过程，创造良好的公众参与氛围，完善公众参与制度，如在环境法制建设中，依法从实体到程序法方面明确公众的环境权、知情权、参与权和监督权等，将公民对生态环境管理的知情权、讨论权、建议权等权利进一步具体化、制度化①。加强电子政务建设，促进生态环境信息的及时披露与反馈处理，为公众参与提供环境信息渠道支持。另外，还要建立健全公众监督机制，有利于改变目前对流域环境整治的监督主要以上级对下级监督和部门的自我监督为主以及缺乏有效外部监督机制的局面。

（2）建立和完善信息公开制度，畅通环保参与渠道

在流域环境治理过程中，信息公开是公众有效参与的基本条件和前提。没有信息公开，公民不了解政府决策过程、决定的事实根据、决策的目标、成本和效益等情况，就很难参与政府的环境决策，此时，所谓公民参与很可能就是一种走形式、走过场。此外，没有对信息公开的内容、期限等作出明确规定，环境行政机关有时会通过对真实信息进行整理、加工，误导民众，或临时向公众说明有关情况，这样就无法真正发挥公众参与的作用②。因此，进一步完善信息公开制度，增加信息透明度。我国目前环境信息公开仅限于环境行政部门对环境状况公报的发布，更多地体现为政府决策所"生产"的信息，如规章制度、措施及实施情况等内容，而对政府决策所依赖的相关风险评估、污染损害情况及各类资源现状的报告等决策支持型信息的公开，还存在较大不足。而且，现有的《环境状况公报》内容比较单一，指标种类也比较少，还不能全面反映某一地区环境的状况和变动趋势；同时某些地区所提供的环境状况指标专业技术性过强，不便于一般公众理解，起不到《环境状况公报》应有的效果。显然，这样的信息公开难以发挥其应有的作用。

（3）建立流域性的环境保护组织

流域环境治理的有效治理，不仅需要来自政府内部的动力，还需要来自绿色公民社会的动力支持。环境治理公众参与的主体可以包括企业、公民个

---

① 沙勇忠，李文娟：公共危机信息管理 EPMFS 分析框架［J］. 图书与情报，2012（6）：81—90.

② 沙勇忠，解志元：论公共危机的协同治理［J］. 中国行政管理，2010（4）：73—77.

体和环境非政府组织等，其中环境非政府组织是公众参与环境治理的有效组织形式。与企业相比，环境非政府组织在应然状态不具有企业的逐利本性；与公民个体的环境参与相比，环境非政府组织的活动更具有组织性、稳定性和有序性，其发挥的作用也更大，个人的力量总是有限的，而一旦人们形成一个组织或团体，其活动影响力就会大增；与其他一些会员互益型的非政府组织相比，环境非政府组织在其组织活动中更具有鲜明而强烈的环境公益性追求的特征；在与政府的关系上，环境非政府组织与其他公众相比拥有更多的环保专业人才、志愿者及环境信息与技术，也更有能力对政府的环境行为施加影响，当政府在环境治理中背离其环境公益目标，出现"政府失灵"时，环境非政府组织可以秉持明确而单一的环境价值理念，提出代表社会公众的环境要求，不断给偏离环境目标的政府施加压力，促使政府承担应有的环境责任。在政府的环境决策过程中，环境非政府组织可以积极参与讨论，进行协商和博弈，并以专业技术优势为政府提出可行性的政策建议，促进政府环境决策的科学化和民主化；对政府的环境行政执法及其他的环境行为，环境非政府组织也可以凭借专业优势和广泛的群众基础对其进行监督和制约，保证政府的环境制度和政策得到良好的执行。应大力发展环境非政府组织，促进其发挥更大的作用。

因此，以特定流域环境区域为依托建立环境保护群众组织，鼓励社会公众参与各种环境保护群众组织，积极发挥民间组织的参与作用。例如，地方政府可以将流域环境治理中的一些调查功能委托给环境保护群众组织行使，扩大公民、社区和社会团体等对区域公共事物的参与范围，使其在地方性法规、地方性环境政策的制定和实施过程中享有更多的发言权，肩负起更多的社会责任，并对政府的环境管理工作进行有效的监督。它不仅可以达成公众和政府对环境的合作共治，解决政府在环境治理中很多做不好或做不了的事情，也可以形成和政府环境治理的竞争态势，促使地方政府积极作为。

6. 以流域环境网络治理为抓手，适时推进区域一体化进程

流域水污染的有效治理是一个多个地方政府之间关系互动和产业结构调整的过程，因此，根据流域环境治理绩效的程度，适时推进区域一体化进程，不仅有利于环境治理绩效的稳态化发展，更有利于区域内产业结构调整和整

合，促进经济一体化进程。

（1）以流域环境治理为抓手，推动区域经内的产业结构升级

流域环境问题的凸显，实质上是地方政府追求利益最大而片面追求 GDP 的经济增长。这种片面 GDP 的经济增长主要是依靠增加投入、扩大投资规模、产业结构总体层次不高、技术创新能力不强、生产要素利用效率低下的"粗放型增长方式"来实现，然而"粗放型增长方式"必将导致流域环境污染严重。因此，实现区域经济环境协调发展，首先要以转变经济发展方式，从"粗放型经济增长方式"向"集约型经济增长方式"转变。

（2）以流域环境治理绩效的逐步实现为起点，推动区域内产业结构的升级和产业整合

流域环境治理绩效的实现过程，是多个地方政府之间多部门、多领域的合作，在合作过程中积累的合作治理经验、合作治范围的扩大、合作治理的可持续性以及取得的合作治理收益，都将对深化区域合作产生积极的影响。从福利经济学来看，区域经济一体化，有助于将环境问题在区域内部以较低的治理成本得以解决，以及流域内部流域环境问题的共管共治，实现流域经济环境协调发展。

第七章　结论和展望

一、研究结论和学术贡献

（一）研究结论

基于经验性的制度研究是有重要的理论意义和实际意义的。清水江流域环境污染治理从"久治不愈"到"绩效显著"并非偶然，12 年的曲折治理过程中内涵了一些有助于其走向成功的要件。"锰三角"清水江流域作为典型的多省区交界地域，环境污染问题已经存在多年，该区域也开展了多次"运动式"的治理行动，为何一直到近年来才得以有效治理呢？如果将流域性的环境污染治理视为一个困局，那么我们可以认为，正是由于缺乏了某些关键性的要素或条件，使得人们不再愿意遵守其在使用"公共池塘资源"时应有的规则，这种困局才得以形成并不易被打破。因此，清水江流域环境的有效治理，在一定程度上昭示了跨界环境治理困局是可以破解的，"多元治理、协同共生"的流域环境治理模式形似某种战略联盟，在一定程度上实现了治理资源在联盟主体间的跨界流动，取得显著的治理效果。

本研究通过对清水江流域环境治理进程进行深入剖析，并对每个治理阶段中呈现的治理特点、治理绩效及其影响因素进行充分考量，得出以下研究结论。

1. 流域环境治理绩效的实现过程是流域环境治理模式由"地方分治"到"网络共治"治理的演进过程

在流域环境治理过程中合作治理困境的产生，可以用"公用地的灾难""囚徒博弈的困境""集体行动的困境"以及"个体理性与集体理性的冲突"等非常经典的概括来加以阐释与说明。这是因为，在流域环境治理中，由于区域边界与行政边界不一致，地方政府对本地辖区有管理权，各自基于自身利益考虑来制订流域污染治理政策和规划，这样一种"碎片化"的治理结构、本位主义的治理动机、各自为战的治理行动显然是无法形成合力的。因此，如何突破传统的以行政区划为界限的行政区分割治理模式（即"地方分治模式"），转向多元主体参与的网络化治理模式（即"网络共治"模式），是流域环境得以有效治理的基本前提。

2. 流域环境治理绩效的实现过程也是政府环境政策中的公共价值的逐步实现过程

流域环境治理是一个区域性的公共产品，它具有公共性、非竞争性和非排他性的特征。因此，流域环境治理绩效的生成需要多个参与主体来"联合生产"并且还要具有"可持续性"。从我国流域环境治理的现实情形来看，目前流域环境问题层出不穷而得不到有效治理的根本原因就在于当前我国的环境管理体制存在中央政府和地方政府在"价值整合方面的碎片化"（即地方政府的价值追求和中央政府、公众的环境保护价值追求相冲突）、地方政府之间在"资源和权力分配结构方面的碎片化"（即条块分割的行政区行政管理体制）、流域环境政策在"制定和执行的碎片化"（即行政区经济现象）等情形^①，因此，流域环境治理绩效的实现过程既是弥合当前流域环境治理过程中"碎片化"现象的具体体现，也是政府环境政策中的公共价值由"价值冲突"走向"冲突消解"的过程。

3. 流域环境治理效果的实现过程也是区域内各个主体，尤其是地方政府间合作收益的生成过程

流域环境治理不同于一般的公共事务治理问题，流域性的环境污染问题为何屡次出现，其根本原因就在于成本与收益的不对等，由于没有形成有效的共生机制和协调冲突的区域性论坛，使得污染制造者和治理观望者往往是

---

① 谭海波，蔡立辉：论"碎片化"政府管理模式及其改革路径——"整体型政府"的分析视角〔J〕．社会科学，2010（8）：12—19．

受益者，污染承受者和治理主动者则成为利益受损者。它背后牵涉的是成本与收益的公平化实现问题。因此，流域环境治理效果的实现过程是对当前流域治理模式的一种整合，促使地方政府间在合作治理过程中不断调整自己的合作行为和治理策略，不断扩大合作治理的范围，以便取得稳定的"区域合作治理收益"。

4. 流域环境治理绩效的实现过程是流域环境"合作治理网络"和"合作执行网络"的生成过程

流域环境问题的产生与地方政府、企业、公众等主体的集体理性和个体理性冲突有关，它不仅是一个环境污染治理问题，而且还涉及经济、政治、社会等多方面的问题。因此，流域环境污染治理问题的复杂性决定了地方政府、企业、公众等主体单方面的努力是行不通的，单个组织也难以对决策所涉及的各个方面、各种技术都有充分的了解，因而需要最大限度地吸纳多元化治理主体而形成"合作治理网络"。当"合作治理网络"形成之后，为了发挥各方利益主体的优势作用，推进流域环境治理绩效的实现，就需要一定的制度设计和机制设计，尽可能从激励机制、约束机制、考核机制、公众或环境 NGO 组织参与机制以及地方政府间合作治理机制等多个方面去构建流域环境治理的"治理执行网络"，才能有效避免流域环境治理过程中可能产生的新的"合作治理困境"，不断推动流域环境治理目标的实现。因此，在流域环境治理中，多元主体参与的"合作治理网络"和"治理执行网络"的生成是一个制度创新和机制设计形成过程，其能够为流域环境污染治理提供多种治理渠道，从而提高治理主体参与流域环境治理的积极性，强化流域环境治理的效果。

5. "中央政府"在流域环境治理过程中的作用非常关键，起着"加速"或"阻滞"流域环境治理绩效实现的作用

在流域环境治理过程中，行为主体多元化带来的利益取向多元化使得各个利益主体之间既存在利益取向的一致性，也存在着利益取向的差异性。在利益主体对于自身利益最大化的关注以及"经济人"的有限理性的影响下，即使存在互利合作而实现各自利益最大化的可能，但利益主体之间由于信息不对称等因素的影响，也极有可能因个体理性与集体理性的矛盾而导致利益主体之间合作的失败，形成各类新的"合作治理困境"。因此，中央政府的治理态度、介入方式、治理资源投入等内容对流域环境治理绩效的实现就起着非常关键的"加速"或者"阻滞"作用，并且大量的研究事实也证明，自上而下的政治权威是目前推动流域环境问题得以解决最为有效的一种方式，且成本较低；但是不可否认，政治权威的缺失或者介入方式的选择与区域公共问题的解决也有着直接的关系。因此，中央政府采用合适的"治理策略""介入方式"以及"考核方式"，将有助于流域环境治理绩效的快速实现。

6. 流域环境网络治理过程中，要注意培育以信任、沟通、协同为特征的关系资产

流域环境网络治理机制的建立，关键在于信任、沟通和协同机制为特征的关系资产培育，信任机制是网络治理运作的基础，其地位类似于市场的价格机制或科层的权威机制，而信任机制的落实，又需要回到沟通机制的构建上，只有在价值协同、信息共享以及诱导与动员等方面建立起良好协调机制，才能真正培育成员间的信任关系以及成员与集体之间的信任关系，最终实现互利互惠的合作，扩大合作治理范围，推动流域环境治理目标的实现。因此，地方政府间的合作能否建立在一定的信任、沟通和承诺水平上，将是地方政府间的合作治理困境能否得以突破、流域环境治理绩效能否实现的重要指标。

（二）学术贡献

本研究可能的创新点主要在以下三个方面。

1. 研究视角的创新

本研究致力于流域环境治理中地方政府间合作过程的动态考察。目前，关于流域环境治理中政府间合作方面的研究已有很多成果，如研究地方政府间合作意义、合作内容、合作制度、合作方式等等，大多侧重于静态层面的研究，而本研究把重点聚焦于清水江流域地方政府间的合作治理，进行动态的、过程的描述与分析，为地方政府间合作的研究提供一个动态的观察视角，力图还原在清水江流域环境治理中各个行为主体的行为和策略，以及环境治理绩效的动态生成过程，并且在治理过程中，始终将"公共价值"嵌入到流域环境治理的全过程。流域环境治理绩效的实现过程，也是政府环境政策中的公共价值由"价值冲突"转向"价值实现"的动态实现过程。

2. 分析方法的创新

本研究首先采用了"解构—分析—综合"的分析方法对流域环境治理中地方政府间合作困境的"生成""缓解"和"突破"进行系统剖析，来厘清流域环境治理中地方政府间协作的运作逻辑、方式和机制，继而遵循"发现—反思—总结"的认知程序，综合应用治理理论、科层理论和协作性公共管理理论对"锰三角"清水江流域环境治理中呈现的特点进行分析，深入挖掘影响合作治理困境生成和流域环境治理绩效的关键因素以及更为微观的一些治理特征，并进行实证检验，以便确定流域环境治理绩效的影响因素及其路径依赖效应，为流域环境问题的有效治理和科学评价流域环境治理绩效提供理论借鉴和数据支撑。

3. 部分研究观点的创新

面对流域环境的公共产品属性特点，地方政府间如何合作才能产生有益于流域环境治理的实际行为或者有绩效的行为？地方政府间如何合作才能缓解或者突破流域环境治理过程中产生的各类合作困境？本研究以"锰三角"清水江环境治理作为典型案例，从该区域地方政府间合作困境的"生成"到"缓解"到突破的制度变迁过程中寻找影响流域环境治理绩效实现的主要因素，并提出了一己之见。本研究在清水江流域环境历时 12 年的曲折治理经验的基础上建构了我国流域环境网络化治理模式，即由"地方分治"到"网络共治"的治理模式，也就是说只有中央政府、地方政府、公众、环保组织、媒体等多元力量参与并形成有效合力才有助于促进流域环境治理绩效的实现。

二、研究不足和研究展望

（一）研究不足

本研究可能的研究不足主要表现为以下几个方面。

1. 基于流域环境治理中各个行为主体的集体行动而形成的制度创新是一个循序渐进的过程，无论是科研项目还是干预项目都不大可能覆盖一个完整的周期

清水江流域环境治理由"久治不愈"到"成效显著"，期间经历了近 12 年的曲折治理进程。因此，如何在相对短的时间内获得全面的研究资料成为本研究的一个难点。唯一的方法是进行大量的访谈，在了解案例背景、发生缘由的基础上，通过对不同利益群体的合作态度、治理意愿、行动策略的分析来探析已有集体行动的来龙去脉；与此同时，通过针对流域环境治理中的各个行动者的行为和每一个阶段的治理成效，利用公共管理相关理论来剖析并挖掘影响清水江流域环境治理绩效的影响因素。但是本研究在资料收集过程中，经过多方努力，还是没有能够获取到足够多的资料。因此，欠缺从历史视角的深入分析，这种类似断面的分析，可能影响了对一些关键因素的分析质量，也可能会遗漏一些变量之间的纵深联系。

2. **如何做好一个探索性案例研究是研究人员面对的一个共同难题，案例分析法所固有的缺陷在本研究中也难以避免**

单个的典型案例研究，有其深入细致的一面，但是另一方面，往往因篇幅和实地工作时间的限制，只能涉及数量有限且比较典型的案例。本研究中的清水江流域区域是一个跨越两个以上行政区域，涉及两省一市（湖南省、重庆市、贵州省）。因此，本研究所提出的一些改善流域环境治理绩效的政策建议，对于同一个省级行政区域内环境问题的有效治理是否具有适用性以及适用性程度多大？仍需进行谨慎的考虑和验证。

3. **本研究的访谈范围和深度也有一定的局限**

本研究主要采用了定性研究方法，以深度访谈为主，问卷调查为辅，为了获得清水江流域环境治理过程中各个参与者行为和策略，访谈对象应该更加广泛，但是限于技术原因，本研究没有能够访谈到省部级以上的高层政治权威，本研究对高层政治权威的研究和分析主要是根据公开的报道和其他访谈者提供的信息，尽管可以通过与访谈者的交流来消除大部分的不准确信息，但是对于政治权威的决策理念和行为动机仍不清晰，难道真如在访谈过程中一位副县长所言的"我们所做的一切，就是为了还沿岸百姓一个青山绿水的环境，除此之外，再无其他的考虑"，但从"锰三角"清水江流域环境历时近12年的曲折治理进程来看，好像并不完全是。

4. **本案例研究得出的一些推断和结论是基于实地调研以及访谈对象所提供的内部资料和信息，因而不确定是否有重大遗漏和偏离**

在本研究中，一方面需要在实地调研中关注的细节很多，整理工作繁多，而且由于被访谈者提供的许多资料属于"内部治理"的属性，只能看，不能直接拿来使用，难以避免挂一漏万的情况；另一方面，本研究在行文过程中，尤其是在全面介绍"锰三角"清水江流域环境治理的三个阶段中各个行动者的行为和策略分析过程中，先后修改了近20多次，但仍然不满意。此外，本研究主要基于现有正式制度的内容来讨论流域环境的有效治理问题，但是实地调研过程中发现政府部门相关官员的私人关系也发挥了一定作用，但是由于私人关系的微妙性难以把握。因此，在论文中总结清水江流域环境治理的特征及影响因素的分析中没有将其纳入到研究范围之内，在调查问卷的题项设计中也没有考虑，因而不确定是否有重大遗漏和偏离。

（二）研究展望

1. 未来选择多案例进行比较研究

本研究得出的结论和政策建议只是基于跨越两个以上行政区域的流域环境治理中地方政府、中央政府以及其他利益相关者在不同时期的治理过程中所采取的行为和策略的比较中得出来的，在同一个省级行政区域内的地方政府围绕流域环境治理该如何协作，影响环境治理效果的因素和贡献度有多大，这些都是未来研究中要考虑的问题。从区域协调的困难程度来看，同一省级行政区域内环境治理的难度与跨越不同行政区域的环境治理问题相比较，它的治理难度要相对低一些，但是从实践过程来看，2012年年初发生的广西龙江"镉污染"事件的协调治理过程并不见的轻松，因为这已经是广西龙江流域在7年里发生的第10次污染了。

2. 从公共价值的视角来分析和讨论我国环境管理体制的变革和创新问题

从本研究的研究来看，目前流域环境问题层出不穷而得不到有效治理的根本原因在于当前我国的环境管理体制存在中央政府和地方政府在"价值整合方面的碎片化"、政府之间在"资源和权力分配结构方面的碎片化"、环境政策在"制定和执行的碎片化"等情形[①]。从公共价值的视角来分析治理绩效

---

① 蔡立辉，谭海波．论"碎片化"政府管理模式及其改革路径—"整体型政府"的分析视角［J］．社会科学，2010（8）：12—19.

的研究，目前已有学者作了较为前瞻性的研究，包国宪教授（2012）从"公共性""联合生产""可持续"三个维度详细分析了政府绩效中的公共价值实现问题①，以上三个维度和流域环境的"外部性""公共产品""可持续性"是高度契合和相关的②。因此，从公共价值的视角来分析流域环境治理治理中环境治理绩效及其评价标准和体系，将是未来研究一个极为重要的方向。

3. 基于已经收集的资料，进一步挖掘流域环境治理绩效的影响因素和作用路径

清水江流域环境治理效果由"久治不愈"到"成效显著"，经历了 12 年的曲折治理进程。从治理进程来看，"锰三角"清水江流域环境治理经历了"自发治理""整顿关闭""整合开发"三个主要的阶段，在每一个阶段过程中，各个利益相关者的行为和策略成为影响流域环境治理效果的核心因素，而更是充满了各种利益的争斗和妥协。它并没有呈现出传统制度主义学者所预想的那种"非此即彼"的一元治理特征。相反，在整个治理过程中始终存在着"中央—地方""地方—地方""国家权力—民间政治精英""政府组织—非政府团体""外生制度—地方性制度资源"等多种二元力量的对抗与协同。所以，对于"锰三角"清水江流域环境的治理过程的分析就显得很有必要和富有价值。因此，基于已有收集到的资料，在未来研究中有必要进一步深入挖掘流域环境治理绩效的影响因素和作用机理。

4. 采用多种方法和不同视角来分析流域环境的有效治理问题

理论研究应该服务于社会实践，采用不同研究方法和不同分析视角对流域环境治理中出现的形式多样合作治理困境、区域内合作中的不同行动者所进行的研究，往往能得出不同的研究结论，但是只有越来越多的理论和实践探索，才能有助于我们更加走近事实真相和接近真理。

由于自身学术功底与社会阅历尚浅，研究能力有限，特别是把握对区

---

① 包国宪，王学军 . 以公共价值为基础的政府绩效治理：源起、架构与研究问题［J］. 公共管理学报，2012，9（2）：89-97.

② 包国宪，文宏，王学军 . 基于公共价值的政府绩效管理学科体系构建［J］. 中国行政管理，2012（5）：98-104.

域公共问题治理的能力欠缺，本研究也仅是对流域环境治理中的合作治理困境可能的解决路径进行了粗浅探讨。因此，在未来研究中，基于已经收集到的资料，积极关注现有研究中的一些学者提出的新观点和方法，进一步深入挖掘影响流域环境治理绩效的影响因素和作用路径，不断深化这一主题的研究。

参考文献

一、著作类

［1］Dnald F. Kettl and Brinton H. Milward. The State of Public Management［M］. The John Hopkins University Press, 1996, 143–145.

［2］Deil S.Wright. Understanding inter-government Relation［M］. Classic Public Adminstration, Harcourt Brue College Publishers, 1996, 578–594.

［3］Christensen. Cities and Complexity: Making Intergovernmental Decisions ［M］.London: Stage, 1999, 32–39.

［4］Walker, D.B. The Rebirth of Federalism［M］. New York: Chathem Home publishes, 2000: 27–29.

［5］OECD. Local Partnerships for better Governance［M］.OECD, 2001: 14–15.

［6］Richard Heeks. Reinventing Government in the Information Age: International Practice in IT-enabled Public Sector Reform［M］. New York: Routledge, 2001.

［7］Break, George R. Intergovernmental Fiscal Relations in the United States ［M］. Washington, D.C.: The Brookings Institution. 1967.

［8］Sullivan, Helen & Chris Skelcher. Working Across Boundaries: Collaboration in Public Service［M］. New York: Palgrave Macmillan, 2002.

［9］Herrschel, T. & Newman, P. Governance of Europe's City Regions: Planning, policy and politics. London: Routledge, 2002.

［10］［澳］欧文·E. 休斯. 公共管理导论［M］. 张成福，王学栋等译. 北京：中国人民大学出版社，2007 年.

［11］［美］戴维·罗森布鲁姆. 公共行政学：管理、政治和法律的途径［M］. 张成福等译. 北京：中国人民大学出版社，2002 年.

［12］［美］乔治·弗雷德里克森. 公共行政的精神［M］张成福等译，北京：中国人民大学出版社，2003 年.

［13］［美］文森特·奥斯特罗姆，埃莉诺·奥斯特罗姆. 公益物品与公共选择［M］. 上海：上海三联书店，2000 年版.

［14］［美］埃利诺·奥斯特罗姆. 公共事物的治理之道［M］. 余逊达，陈旭东译. 上海：上海三联书店，2000 年.

［15］［美］戴维·奥斯本，特德·盖布勒. 改革政府：企业精神如何改革着公营部门［M］. 上海：上海译文出版社，1996.

［16］［美］拉塞尔·M. 林登. 无缝隙政府——公共部门再造指南［M］. 汪大海译，中国人民大学出版社，2002 版，5-10.

［17］［美］迈克尔·麦金尼斯. 多中心体制与地方公共经济［M］. 毛寿龙译. 上海：上海三联书店，2000 年.

［18］E.S. 萨瓦斯. 民营化与公私部门的伙伴关系［M］. 周志忍等译. 北京：中国人民大学出版社，2002 年.

［19］［美］巴达赫. 跨部门合作：管理"巧匠"的理论与实践［M］. 周志忍，张弦译. 北京：北京大学出版社，2011 年.

［20］［美］詹姆斯·W. 费斯勒，唐纳德·F. 凯特尔. 行政过程的政治——公共行政学新论［M］. 陈振明主译. 北京：中国人民大学出版社，2002 年.

［21］［美］曼瑟尔·奥尔森. 集体行动的逻辑［M］. 陈郁译. 上海：上海人民出版社，1995 年.

［22］［美］戴维·奥斯本，特德·盖布勒. 改革政府：企业精神如何改革着公营部门［M］. 周敦仁 等译. 上海：上海译文出版社，1996.

［23］［美］奥斯本，普拉斯特里克. 再造政府［M］. 谭功荣，刘霞译. 北

京：中国人民大学出版社，2010 年．

［24］［美］菲利普·库珀．合同制治理——公共管理者面临的挑战与机遇［M］．竺乾威，卢毅，陈卓霞译．上海：复旦大学出版社，2007 年．

［25］［美］奥克森．治理地方公共经济［M］．万鹏飞译．北京：北京大学出版社，2005 年．

［26］［德］多布娜．水的政治——关于全球治理的政治理论、实践与批判［M］．强朝晖译．北京：社会科学文献出版社，2011 年．

［27］［美］凯特尔．权力共享：公共治理与私人市场［M］．孙迎春译，北京：北京大学出版社，2009 年．

［28］［美］登哈特．新公共服务：服务，而不是掌舵［M］．丁煌译．北京：中国人民大学出版社，2010 年．

［29］［美］安瓦·沙．公共服务提供（公共部门治理与责任系列）［M］．孟华译．北京：清华大学出版社，2009 年．

［30］［美］戈德史密斯．网络化治理：公共部门的新形态［M］.孙迎春译.北京：北京大学出版社，2008 年．

［31］包国宪，鲍静．政府绩效评价与行政管理体制改革［M］.北京：中国社会科学出版，2008 年．

［32］包国宪．从绩效管理到绩效领导的公共部门创新理论与实践［M］.北京：科学出版社，2011．

［33］卓越．比较政府与政治（修订版）［M］.北京：中国人民大学出版社，2010 版．

［34］陈振明．竞争型政府［M］.北京：中国人民大学出版社，2006 年．

［35］陈振明．公共管理学——一种不同于传统行政学的研究途径［M］.北京：中国人民大学出版社，2003 年．

［36］陈瑞莲，蔡立辉．珠江三角洲公共管理模式研究［M］.北京：中国社会科学出版社，2004 年．

［37］陈瑞莲．区域公共管理导论［M］.北京：中国社会科学出版社，2006 年．

［38］王乐夫，蔡立辉．公共管理学［M］.北京：中国人民大学出版社，

2008 年．

　　[39] 林尚立．国内政府间关系 [M]．杭州：浙江人民出版社，1998 年．

　　[40] 张志红．当代中国政府间纵向关系研究 [M]．天津：天津人民出版社，2005 年．

　　[41] 张成福．公共危机管理：理论与实务（公共危机与风险治理丛书）[M]．北京：中国人民大学出版社，2009 年

　　[42] 刘志坚．环境行政法论 [M]．兰州：兰州大学出版社，2007 年版．

　　[43] 唐娟．政府治理论《政府理论研究丛书》[M]．北京：中国社会科学出版社，2006 年．

　　[44] 沈荣华．中国地方政府体制创新路径研究 [M]．北京：中国社会科学出版社，2009 年．

　　[45] 柯武刚，史漫飞．制度经济学：社会秩序与公共政策 [M]．韩朝华译，商务印书馆，2003 年．

　　[46] 汪丁丁．制度分析基础讲义 [M]．上海：上海人民出版社，2005 年．

　　[47] 周志忍．政府管理的行与知 [M]．北京：北京大学出版社，2008 年．

　　[48] 周志忍等．公共政策经典 [M]．北京：北京大学出版社，2006 年．

　　[49] 余逊达，赵永茂．参与式地方治理研究 [M]．浙江：浙江大学出版社，2009 年．

　　[50] 孟继民．资源型政府——公共治理的新模式 [M]．北京：中国人民大学出版社，2008 年．

　　[51] 杨淑萍．行政分权视野下地方政府责任的构建 [M]．北京：人民出版社，2008 年．

　　[52] 马运瑞．中国政府治理模式研究 [M]．郑州：郑州大学出版社 2007 年 10 月．

　　[53] 聂国卿．中国转型时期环境治理的经济分析 [M]．北京：中国经济出版社，2006 年 11 月．

　　[54] 陶希东．中国跨界区域管理：理论与实践探索 [M]．上海：上海社会科学院出版社，2010 年，35-38.

　　[55] 王雅莉，毕乐强．公共规制经济学（第 3 版）[M]．北京：清华大学

出版社，2011 年.

［56］董礼胜.分析与比较："行政改革与地方治理"国际研讨会论文集
［M］.北京：中国社会科学出版社，2007 年 1 月.

［57］石杰琳.中西方政府体制比较研究［M］.北京：人民出版社，2011 年.

［58］乔榛.中国地方政府规制改革研究［M］.北京：经济科学出版社，
2006 年.

［59］王敬尧.地方财政与治理能力［M］.北京：商务印书馆，2010 年.

［60］尹贻林，杜亚灵.基于治理的公共项目管理绩效改善［M］.北京：
科学出版社，2010 年.

［61］肖建华，赵运林，傅晓华.走向多中心合作的生态环境治理研究［M］.
长沙：湖南人民出版社，2010 年 12 月.

［62］经济合作与发展组织.OECD 国家的监管政策：从干预主义到监管治
理［M］.陈伟译，北京：法律出版社，2006 年.

［63］任勇，周国梅，李丽平.环境政策的经济分析：案例研究与方法指
南［M］.北京：中国环境科学出版社，2011 年.

［64］樊胜岳，张卉，乌日嘎.中国荒漠化治理的制度分析与绩效评价［M］.
北京：高等教育出版社出版时间：2011 年.

［65］柴浩放.草场资源治理中的集体行动研究——来自宁夏盐池数个村
庄的观察［M］.北京：中国农业出版社，2011 年.

［66］周黎安.转型时期的地方政府：官员激励与治理［M］.上海：格致
出版社、上海人民出版社，2008.

［67］赵成根.新公共管理改革：不断塑造新的平衡［M］.北京：北京大
学出版社，2007 年.

［68］郭培章，宋群.中外流域综合治理开发案例分析［M］.北京：中国
计划出版社，2001 年.

二、论文类

［1］Bai C E, Du Y T, Tao Z G. Local Protectionism and Regional

Specialization: Evidence from China's Industries [J]. Journal of International Economics, 2004, 63（2）: 397-417.

[2] Che, J H and Ying Y Q. Institutional Environment, Community Government, and Corporate Governance: Under-standing Chinas' Township-Village Enterprises[J]. Journal of Law, Economics & Organization 1998, 14: 1-23.

[3] Zhang, Xiao bo. Fiscal Decentralization and Political Centralization in China: Implications for Growth and Inequality [J].Journal of Comparative Economics, 2006, 34（2）: 713-726.

[4] Wallace E. Oates and Robert M. Schwab. Economic Competition among Jurisdictions: Efficiency Enhancing or Distortion inducing? [J].Journal of Public Economics, 1988, 35（3）: 333-354.

[5] Maskin Eric, Ying Y G. Incentives, Scale Economies, and Organization Forms [J].Review of Economic Studies, 2000, 67（3）, 359-378.

[6] Mosher, Frederick C. The Changing Responsibilities and Tactics of the Federal Government [J]. Public Administration Review, 1980, 40

[7] Mads Greaker. Strategic Environmental Policy when the governments are threatened by relocation [J].Resource and Energy Economics, 2003（25）: 141-154.

[8] B. Balasundaram and S. Butenko. On a polynomial fractional formulation for independence number of a graph[J]. Journal of Global Optimization, 2006, 35（3）: 405-421.

[9] Brett M. Frischmann. Some Thoughts on Shortsightedness and Intergenerational Equity[J].Loyola University Chicago Law Journal, 2006（36）: 457-465.

[10] Richard L, Revesz. Rehabilitation interstate competition: rethinking the race to the bottom rationale for federal environmental regulation [J]. New York University Law Review, 1992（67）: 1201-1210.

[11] Jennings, E.T. & Ewalt, J. A. Inter-organizational Coordination, Administrative Consolidation, and Policy Performance [J]. Public Administration

Review, 1998, 58（5）: 417–427.

　［12］Leach, William D. Collaborative Public Management and Democracy: Evidence from Western Watershed Partnerships［J］.Public Administration Review, 2006, 66（1）: 100–110.

　［13］Thomson, Ann Marie & James L. Perry. Collaboration Process: Inside the Black Box［J］. Public Administration Review, 2006, 66（1）20–32.

　［14］Schneider, Anne & Helen Ingram. Behavioral Assumptions of Policy Tools［J］. The Journal of Politics, 1990, 52（2）: 510–529.

　［15］Weihrich, H The SWOT Matrix – A Tool for Situational Analysis［J］. London: Long Range Planning, 1982, 15（2）: 55–66.

　［16］Lowndes, V & Skelcher, C. The Dynamics of Multi–Organizational Partnerships: An Analysis of Changing Modes of Governance［J］. Public Administration, 1998, 76（2）: 313–333.

　［17］Benz, Arthur, and Fern Universitat–Hagen. From Unitary to Asymmetric Federalism in Germany: Taking stock after 50 years［J］. Publics, 1999, 29（4）: 55–113.

　［18］Ostrom, E. Metropolitan Reform: Propositions Derived Two Traditions［J］. Social Science Quarterly, 1972, 53（2）: 474–493.

　［19］Patrick D. New Public Management is Dead–Long Live Digital–Era Governance. Journal of Public Administration Research and Theory, 2006, 16（3）: 113–143.

　［20］谢庆奎. 中国政府的府际关系研究［J］.北京大学学报（哲学社会科学版）, 2007（5）: 26–34.

　［21］包国宪, 周云飞.我国公共行政核心价值取向分析［J］.云南社会科学, 2008（4）: 88–92.

　［22］包国宪, 周云飞.中国公共治理评价的几个问题［J］.中国行政管理, 2009（2）: 11–15.

　［23］包国宪, 郎玫.治理、政府治理概念的演变与发展［J］.兰州大学学报（社会科学版）, 2009（2）: 1–7.

［24］包国宪，霍春龙.中国政府治理研究的回顾与展望［J］.南京社会科学，2011（9）：62-68.

［25］谢庆奎.中国政府的府际关系研究［J］.北京大学学报（哲学社会科学版），2007（5）：26-34.

［26］谢庆奎.中国政府的府际关系研究［J］.北京大学学报（哲学社会科学版），2007（5）：26-34..

［27］周海炜，唐震.我国区域跨界水污染治理探析［J］.科学对社会的影响，2007（1）：19-21.

［28］卓越，黄晓军.发展地方政府执行性机构的理性思考［J］.天津行政学院学报，2005（3）：31-34.

［29］卓越，黄晓军.新公共管理运动学理基础的重新解读——新公共行政理论内涵辨析［J］.学习论坛，42-45.

［30］卓越.政府运行成本的控制机制［J］.西安交通大学学报（社会科学版），2010（5）：63-67.

［31］卓越，邵任薇.当代城市发展中的行政联合趋向［J］.中国行政管理，2002（7）：19-21.

［32］金太军，沈承诚.区域公共管理制度创新困境的内在机理探究——基于新制度经济学视角的考量［J］.中国行政管理，2007（3）：99-102.

［33］刘志坚.环境保护基本法中环境行政法律责任实现机制的构建［J］.兰州大学学报（社会科学版），2007（6）：112-116.

［34］刘志坚.西部环境行政执法现状及其优化［J］.科学.经济.社会，2006（2）：87-92.

［35］蔡立辉.公共管理：公共性本质与功能目标的内在统一［J］.中国人民大学学报，2003（2）145-152.

［36］蔡立辉，龚鸣.整体政府：分割模式的一场管理革命［J］.学术研究，2010（5）：33-42.

［37］谭海波，蔡立辉.论"碎片化"政府管理模式及其改革路径——"整体型政府"的分析视角［J］.社会科学，2010（8）：12-19.

［38］张成福，李昊城，边晓惠.跨区治理：模式机制与困境［J］.中国

行政管理，2012（3）：102-109.

［39］张成福，李丹婷.公共利益与公共治理［J］.中国人民大学学报，2012（3）：96-103.

［40］张成福，杨兴坤.借鉴现代公司治理模式，构建大部制的治理结构与治理机制［J］.福建论坛，2010（1）：.4-11.

［41］毕亮亮.我国跨行政区河流域水污染治理管理机制的研究——以江浙边界为例［J］.中国人口资源与环境，2007（3）：3-9.

［42］毕亮亮.多源流框架"对中国政策过程的缓解力——以江浙跨行政区水污染防治合作的政策过程为例［J］.公共管理学报（哈尔滨），2007（2）：36-41.

［43］张紧跟，唐玉亮.流域水环境治理中的政府间环境协作机制研究［J］.公共管理学报（哈尔滨），2007（7）：50-56.

［44］张紧跟.当代美国大都市区治理的争论与启示［J］.华中师范大学学报（人文社科版），2006（7）：34-37.

［45］沙勇忠，罗吉.危机管理中网络媒体角色的三种分析模型［J］.兰州大学学报（社会科学版），2009（2）：8-14.

［46］沙勇忠，解志元.论公共危机的协同治理［J］.中国行政管理，2010（4）：73-77.

［47］赵来军，李怀祖.流域跨界水污染纠纷合作平调模型研究［J］.系统工程，2004（3）：100-105.

［48］高红贵.淮河流域水污染管制的制度分析［J］.中南财经政法大学学报，2006（4）：45-50.

［49］马强等.我国跨行政区环境管理协调机制建设的策略研究［J］.中国人口·资源与环境，2008（5）：133-138.

［50］易志斌.地方政府环境规制失灵的原因及解决途径——以跨界水污染为例［J］.城市问题，2010（1）：74-77.

［51］马晓明，易志斌.网络治理：区域环境污染治理的路径选择［J］.南京社会科学，2009（7）：69-72.

［52］杨妍等.跨区域环境治理与地方政府合作机制研究［J］.中国行政

管理，2009（1）：66–69.

[53]李文星.简论我国地方政府间的跨区域合作治理［J］.西南民族大学学报（人文社会科学版），2005（1）：259–262.

[54]王灿发.跨行政区水环境管理立法研究［J］.现代法学，2005（5）：130–140.

[55]马燕.我国跨行政区环境管理立法研究［J］.法学杂志，2005（5）：86–88.

[56]王浩.区域性环境行政管理机构的立法构架［D］.华中科技大学，2005年.

[57]黄德春，陈思萌.国外跨界水污染治理的经验与启示［J］.水资源保护，2009（4）：78–81.

[58]周黎安.晋升博弈中政府官员的激励与合作：兼论我国地方保护主义和重复建设长期存在的原因［J］.经济研究，2004（6）：33–40.

[59]周黎安，李宏彬，陈烨.相对绩效考核：中国地方政府官员晋升机制的一项考验［J］.经济学消息报，2005（1）：83–96.

[60]周黎安.中国地方政府公共服务的差异［J］.新余高专学报，2008（4）：5–6.

[61]周黎安.官员晋升锦标赛与竞争冲动［J］.人民论坛，2010（5）：26–27.

[62]周黎安，陶婧.官员晋升竞争与边界效应——以省区交界地带的经济发展为例［J］.金融研究，2011（3）：15–26.

[63]王维平.刘书明.服务型政府目标下的管理方式转变和管理机制构建［J］.中国行政管理，2010（12）：46–49.

[64]王维平.改进和完善我国区域经济合作机制的思考［J］.甘肃社会科学，2004（1）：63–65.

[65]金太军.从行政区行政到区域公共管理：政府治理形态嬗变的博弈分析［J］.中国社会科学，2007（6）：53–65.

[66]金太军，沈承诚.区域公共管理趋势的制度供求分析［J］.江海学刊，2006（5）：113–117.

［67］杨爱平，陈瑞莲．从"行政区行政"到"区域公共管理"——政府治理形态嬗变的一种比较分析［J］．江西社会科学，2004（11）：23-31．

［68］杨小云，张浩．省级政府间关系规范化研究［J］．政治学研究，2005（4）：50-57．

［69］汪伟全．论我国地方政府间合作存在的问题及解决途径［J］．公共管理学报（哈尔滨），2005（3）：31-35．

［70］龙朝双，王小增．我国地方政府间合作动力机制研究［J］．中国行政管理，2007（6）：65-68．

［71］康丽丽．对地方政府间横向关系协调机制的探析［J］．行政论坛，2007（5）：28-30．

［72］马学广．从分权行政到跨域治理：我国地方政府治理方式变革研究［J］．地理与地理信息科学，2008（1）：49-55．

［73］李胜，陈晓春．基于府际博弈的跨行政区流域水污染治理困境分析［J］．中国人口·资源与环境，2011（12）：104-109．

［74］严强．公共行政的府际关系研究［J］．江海学刊，2008（5）：93-99．

［75］黄德春，陈思萌，张昊驰．国外跨界水污染治理的经验与启示［J］．水资源保护，2009（4）：78-81．

［76］陈思萌，黄德春．基于马萨模式的跨界水污染治理政策评价比较研究［J］．环境保护，2008（3）：47-49．

［77］赵来军．湖泊流域跨界水污染转移税模型［J］．系统工程理论与实践，2011（2）：364-370．

［78］胡若隐．地方行政分割与流域水污染治理悖论分析［J］．学术交流，2006（3）：65-68．

［79］唐国建．共谋效应：跨界流域水污染治理机制的实地研究：以SJ边界环保联席会议为例［J］．河海大学学报（哲学社会科学版），2010（2）：45-50．

［80］郭玉华，杨琳琳．跨界水污染合作治理机制中的障碍剖析——以嘉兴、苏州两次跨行政区水污染事件为例［J］．环境保护，2009（3）：14-16。

［81］吴光芸，李建华．跨区域公共事务治理中的地方政府合作研究［J］．

云南行政学院学报，2011（5）：96-98.

　　［82］杨龙，彭彦强.理解中国地方政府合作——行政管辖权让渡的视角［J］.政治学研究，2009（4）：61-66.

　　［83］罗忠桓.从行政区行政走向区域治理：省际接边地区治理的范式创新—以湘鄂渝黔桂接边地区五溪源历史沿革与治理创新为例［J］.甘肃行政学院学报，2011（2）：62-65.

　　［84］曾文慧.流域越界污染规制：对中国跨省水污染的实证研究［J］.经济学季刊，2008（2）：447-464.

　　［85］骆勇，赵军锋.区域公共管理的行政生态分析：从行政区行政到区域公共管理［J］.理论导刊，2009（4）：16-18.

　　［86］刘文祥，郑翠兰.区域公共管理建构的理论分析［J］.国家行政学院学报，2008（5）：85-88.

　　［87］刘文祥，郑翠兰.区域公共管理主体间的核心关系探讨［J］.中国行政管理，2008（7）：92-95.

　　［88］于东山，娄成武.省级政府竞争之弊与跨省区域治理［J］.东北大学学报（社会科学版），2009（4）：317-320.

　　［89］芮国强，郭风旗.区域公共管理模式：理论基础与结构要素［J］.江海学刊，2006（5）：211-215.

　　［90］王海燕，葛建团，邢核，蔡奎芳.欧盟跨界流域管理对我国水环境管理的借鉴意义［J］.长江流域资源与环境，2008（11）：944-947.

　　［91］廖靓.破解环保博弈的囚徒困境［J］.经济管理，2006（11）：78-80.

　　［92］董秋红.潘伟杰.论公共问题的政府规制：合法性及其限度［J］.学习与探索，2008（5）：77-81.

　　［93］胡东宁.区域经济一体化下的横向府际关系——以府际合作治理为视角［J］.改革与战略，2011（3）：105-108.

　　［94］高建华.论区域公共管理的研究缘起及治理特征［J］.前沿，2010（19）：177-180.

　　［95］周海炜，唐震.我国区域跨界水污染治理探析［J］.科学对社会的

影响，2007（1）：19-21.

［96］孟涛．长三角地区环境保护立法协调问题研究［J］．社会科学辑刊，2008（4）：72-74.

［97］蓝志勇，陈国权．当代西方公共管理前沿理论述评［J］．公共管理学报（哈尔滨），2007（3）：91-94.

［98］张阳，范从林，周海炜．流域水资源治理网络的运行机理研究［J］．科技管理研究2011（19）：197-202.

［99］李文星，朱凤霞．论区域协调互动中地方政府间合作的科学机制构建［J］．经济体制改革，2007（6）：128-131.

［100］范仓海．中国转型时期水环境治理中的政府责任研究［J］..中国人口·资源与环境，2011（9）：1-7.

［101］谢万礼．淮河十年付诸东流的反思［J］江西财经大学学报2004（5）：21-34.

［102］张紧跟．当代美国大都市区治理的争论与启示［J］．华中师范大学学报（人文社科版），2006（7）：34-37.

［103］刘立伟．美国大都市区治理模式、理论演进及其启示［J］．湖北社会科学，2010（11）：64-67.

［104］刘洋，万玉秋．跨区域环境治理中地方政府间的博弈分析［J］．环境保护科学，2010（1）：34-36.

［105］易志斌，马晓明．我国跨界水污染问题产生的原因及防治对策分析［J］．科技进步与对策，2008（12）：151-154.

［106］李礼．区域治理国内研究的回顾与展望［J］．学术论坛，2010（7）：-56-60.

［107］李铭，方创琳，石宇．区域管治中的博弈效应［J］．中国人口·资源与环境，2008（2）：1-7.

［108］张珊．同级地方政府间关系的博弈分析［J］．山东理工大学学报（社会科学版），2005（6）：33-37.

［109］许培源．地方政府间竞争行为的博弈分析［J］．中南财经政法大学学报，2008（2）：27-33.

［110］杨新春，姚东．跨界水污染的地方政府合作治理研究——基于区域公共管理视角的考量［J］．公共管理学报（哈尔滨），2008（1）：68-70.

［111］李胜，陈晓春．跨行政区流域水污染治理的政策博弈及启示［J］．湖南大学学报（社会科学版），2010（1）：45-49.

［112］金乐琴，张红霞．可持续发展战略实施中中央与地方政府的博弈分析［J］．经济理论与经济管理，2005，（12）：11-15.

［113］董秋红，潘伟杰．论公共问题的政府规制：合法性及其限度［J］．学习与探索，2008（5）：77-81.

［114］徐旭忠．跨界污染治理为何困难重重［J］．半月谈，2008（22）：6-7.

［115］朱桂香．国外流域生态补偿的实践模式及对我国的启示［J］．中州学刊，2008（5）：69-71.

［116］戴京，隋兆鑫．环境保护的公众参与现状、问题及对策［J］．环境保护，2008（12）：57-59.

［117］胡熠，黎元生．论流域区际生态保护补偿机制的构建——以闽江流域为例［J］．福建师范大学学报（哲学社会科学版），2006（6）：53-58.

［118］吴晓青，洪尚群．区际生态补偿机制是区域间协调发展的关键［J］．长江流域资源与环境，2003（1）：13-15.

［119］阙师鹏，肖健．水污染防治合作机制探讨——以江浙边界为例［J］．江西理工大学学报，2008（6）：55-57.

［120］周国雄．公共政策执行阻滞的博弈分析——以环境污染治理为例［J］．同济大学学报（社会科学版），2007（4）：91-96.

［121］夏一仁，刘朝辉．再访"锰三角"——锰污染治理进入倒计时［J］．中国新闻周刊，2005（37）：20-23.

［122］麻金权，唐锋．从锰三角治污成效拷问锰三角［J］．中共铜仁地委党校学报，2010（4）：32-35.

［123］曾梦宇．湘渝黔边区"锰三角"发展的思考［J］．沿海企业与科技，2006（9）：81-83.

［124］陆新元．区域环境综合整治"锰三角"模式的启示［J］．环境保护，2009（1）：26-29.

三、网络资料

［1］新华社.10年600亿难以根治淮河流域污染［N］.新浪首页－新闻中心－淮河治污十年－污染依然严重专题－正文.http：//news.sina.com.cn/c/2004-05-30/15463371596.shtml.2012.11.20.

［2］张莉.特别策划：淮河：为何总是我们的心病［N］.新浪首页－新闻中心－综合－正文.http：//news.sina.com.cn/o/2004-08-11/00113355872s.shtml访问时间：2011.11.20.

［3］江苏协调联合破解"跨界"之难［Z］.中国环境报，2005年09月19日.http：//news.sina.com.cn/c/2005-09-19/10136980232s.shtml.访问时间：2012.07.27.

［4］冯建华.治理水污染：一场"持久战"［N］.北京周报，2008年第23期，2008年06月24日.http：//www.china.com.cn/book/zhuanti/qkjc/txt/2008-06/24/content_15881745_2.htm.访问时间：2012.07.03.

［5］人民网：治理镉污染不仅需要"运动式"思维［Z］.人民网，2012年02月02日.http：//news.ifeng.com/mainland/special/gxlzhgewuran/content-1/detail_2012_02/02/12236326_0.shtml.访问时间：2012.08.25.

［6］汪永晨.监督机制缺失呼吁民间监测机制［Z］.凤凰卫视，2012年02月01日.http：//news.ifeng.com/mainland/special/gxlzhgewuran/content-1/detail_2012_02/01/12228414_0.shtml.访问时间：2012.08.25.

［7］鲁诗勤."冤家"变"亲家"渝湘黔边区联手推旅游［Z］.重庆商报，2011年1/月17日.http：//tour.rednet.cn/c/2011/01/17/2162319.htm.访问时间：2012.08.25.

［8］锰污染噩梦中的边城：再访"锰三角"［N］.国际金融报，2005年10月31日.http：//news.xinhuanet.com/fortune/2005-10/31/content_3706314_2.htm.访问时间：2012.08.27.

［9］唐爱平.湘黔渝"锰三角"治污成效获肯定［N］.湖南日报，2009-04-17.http：//news.163.com/09/0417/07/5739OSEF000120GR.html.访问时间：2012.08.27.

［10］张志强，欧阳洪亮.中国"锰三角"猛回头［N］新浪首页-新闻中心-国内新闻.http：//news.sina.com.cn/c/2005-05-31/08096038515s.shtml.访问时间：2012.08.27.

［11］秀山网.渝湘携手合作打造边城旅游秀山-花垣共建中国边城协作会召开［Z］.2012年4月6日.http：//www.zgcqxs.net/default/newsshow-8-31912.shtml.访问时间：2012.11.05.

［12］解决跨区域水污染应加强协作［Z］.新浪首页，2004年08月05日.http：//news.sina.com.cn/c/2004-08-05/14323304582s.shtml，访问时间：2012.06.05.

［13］跨区域合作防治水污染［Z］.搜狐新闻，2012年05月19日.http：//roll.sohu.com/20120319/n338210973.shtml，访问时间：2012.04.05.

［14］梁隽.电解锰行业治污向松桃看齐，我省全面推广"松桃管理模式"［N］.贵州日报，2012年4月1日.http：//gzrb.gog.com.cn/system/2012/04/01/011401174.shtml.访问时间：2012.12.20.

［15］花垣县环保局.碧水蓝天映苗乡［Z］.2011年5月31日.http：//www.biancheng.gov.cn/zw/18/onews.asp?id=96.访问时间：2012.12.20.

［16］新华网.湖南整治"锰三角"探索中西部矿区综合治理新路［Z］.新华网，2012.10.12日.http：//www.hn.xinhuanet.com/2012-10/12/c_113346876.htm.访问时间2012.12.10.

［17］朱峰，范世辉.山西苯胺污染迟报，河北邯郸非常"受伤"［Z］.新华网，2013.01.07.http：//news.66wz.com/system/2013/01/07/103496887.shtml.访问时间2013.1.10.

［18］刘虹桥.山西苯胺污染人祸［Z］.财新《新世纪》，2013年01月14日.http：//magazine.caixin.com/2013-01-11/100481873.html.访问时间2013年1月20日.

［19］李杨.山西苯胺污染事件：跨省追责诉讼状被撤回［Z］.半岛都市报，2013.1.15.http：//www.cs.com.cn/xwzx/cj/201301/t201301153820686.html.访问时间2013.1.20.

附录 "锰三角"清水江流域环境治理的相关文件列表

实施日期	法律、法规或者政策文件	实施部门
2005 年 9 月	《湘黔渝三省市交界地区锰污染整治方案》	原国家环保总局
2005 年 10 月	《湘黔渝三省市交界地区电解锰行业污染整治验收要求》	原国家环保总局
2006 年 3 月	原环保总局和监察部将"锰三角"区域污染整治工作列为 2006 年首批挂牌督办案件	原国家环保总局和监察部
2007 年 3 月	《电解金属锰行业清洁生产标准》	原国家环保总局
2007 年 5 月	《电解金属锰企业行业准入条件》	国家发改委
2008 年 7 月	《电解金属锰企业行业准入条件》修订稿	国家发改委
2008 年 10 月	《"锰三角"环境评估及跨界环境污染防治综合对策项目》	原国家环保部、国家科技部
2005–2007 年	中央财政对"锰三角"地区环境执法能力建设资金给予大力补助，累计投入 3138.6 万元	财政部
2008 年 4 月	《"锰三角"环境评估及跨界环境污染防治综合对策项目》，财政部批准项目经费 1200 万	财政部
2008 年 4 月	环境保护部第十二督察组 4 月 26—30 日，贵州省 2003 年以来群众反映强烈、领导关注、环境污染严重等各种环境违法案件，以及 2005 年以来的所有重点信访案件和挂牌督办环境违法案件展开后督察。	原环保部
2009 年 4 月	中央环保专项资金投入 1700 万元用于"锰三角"区域环境综合整治	财政部
2009 年 5 月	《规划环境影响评价条例》和《规划环境影响评价技术导则》	原环保部

实施日期	法律、法规或者政策文件	实施部门
2009 年 6 月	原环保部在河北省北戴河举办"锰三角"地区党政领导干部环保培训班，本次培训旨在进一步提高"锰三角"地区党政领导干部和企业负责人的认识，提升三种能力（基层政府领导科学发展的执政能力、环境监管能力和企业治污自我约束能力）彻底解决"锰三角"地区的环境问题，推进"锰三角"科学发展。本次培训班由环境保护部人事司组织，环境保护部宣传教育中心具体承办，湖南花垣、重庆秀山、贵州松桃三县乡级领导干部和企业负责人共 89 人参加了培训班。	原环保部
2009 年 6 月	《关于加强重金属污染防治工作指导意见的通知》（〔2009〕61 号）	国务院办公厅
2009 年 8 月	实施以"奖促治""以奖代补"的农村环保政策	原环保部
2009 年 10 月	在"锰三角"污染整治中，环保"区域限批"和"一票否决"制得到严格执行，推进当地政府、各部门履行环保职责的行政效能监察和惩戒制度建设取得突破。重庆市把部门、乡镇"一把手"环保实绩考核结果作为领导班子调整、考察干部的重要依据，考核不合格的乡镇主要领导必须"下课"。	原环保部
2009 年 10 月	原国家环境保护部办公厅关于开展全国电解锰行业专项执法检查和环境整治的通知》（环办〔2009〕66 号）	原环保部
2009 年 11 月	《松桃"锰三角"污染综合治理情况调查》	贵州铜仁市政府
2009 年 12 月	《关于加强重金属污染防治工作的指导意见》	原环保部
2010 年 1 月	《"锰三角"地区环境综合整治工作经验》座谈会	原环保部
2010 年 6 月	《"锰三角"地区地表水监测方案》发布	原环保部
2010 年 8 月	《重庆人民市政府办公厅关于印发重庆市重金属污染综合防治规划的通知》（渝办〔2010〕75 号）	重庆市政府
2010 年 10 月	《铅、锌工业污染物排放标准（GB 25466—2010）》	原环保部、质检总局
2010 年 6 月	由原国家环保部组织的湘、黔、渝"锰三角"环境保护合作联防联控座谈会在花垣县召开，《"锰三角"区域环境联合治理合作框架协议》签署	原国家环保部组织秀山、花垣、松桃三县县长签署

实施日期	法律、法规或者政策文件	实施部门
2011 年 1 月	《湖南省人民政府工作报告》，加大湘西花垣"锰三角"地区环境综合整治力度	湖南省政府
2011 年 3 月	《重金属污染综合防治"十二五"规划》（环发〔2011〕17 号）	环保部
2011 年 6 月	关于转发《秀山县 2011 年整治违法排污企业保障群众健康环保专项行动工作方案》的通知	秀山县
2011 年 6 月	《关于下达 2011 年主要污染物总量减排主要减排项目的通知》（渝办发〔2011〕94 号）	重庆市政府
2010 年 11 月	《湖南省人民政府关于深入实施湘西地区开发战略的意见》	湖南省人民政府
2011 年 6 月	《关于开展尾矿库环境安全专项整治工作的通知》	重庆市环保局
2011 年 8 月	《湘西自治州环境监测"十二五"规划》	湖南湘西自治州
2011 年 9 月	《湘西自治州 2011 年州环保局重点工作计划》	湘西湘西州环保局、重点工作计划
2011 年 9 月	科技部授予的"湘西国家锰深加工高新技术产业化基地"	科技部
2011 年 10 月	《国务院关于加强环境保护重点工作的意见》	国务院
2011 年 10 月	《关于印发秀山县锰行业整治专项督查方案》（渝环〔2011〕109 号）	重庆市环保局、监察局
2011 年 10 月	《关于对锰粉生产企业的锰粉生产线予以关停的决定》	秀山县
2011 年 11 月	《关于重金属污染重点防控企业投保环境污染责任保险的通知》	重庆市政府
2012 年 1 月	3 县决定以轮流承办春节联欢晚会等形式，促进文化交流，增进民族团结、两型社会发展等方面实现了和谐共赢。	湖南花垣、重庆秀山、贵州松桃 3 县
2012 年 2 月	湖南花垣、重庆秀山、贵州松桃 3 县在花垣县边城图书馆联合举行 2012 年春节联欢晚会，并在会上签署《共同打造中国边城旅游景区框架协议》	湖南花垣、重庆秀山、贵州松桃 3 县
2012 年 3 月	重庆市环保局将辖区秀山县、酉阳县的电解锰污染治理问题再次挂牌督办	重庆市环保局
2012 年 6 月	《关于金融支持我州实施武陵山片区区域发展与扶贫攻坚试点工作的意见》	湘西自治州人民政府

后　记

在此书即将付梓之时，欣喜与怅然一并袭来……

研究写作是一个辛苦的过程，本书经过两次修改，其中调研资料和统计资料收集工作是写作中最困难的事情。因此，我要感谢在重庆市秀山县、湖南省花垣县，边城镇，贵州省松桃县调研期间各位政府机关工作人员、朋友对访谈和调研工作的数据支持帮助，从而使得访谈工作和问卷调查得以实现；在调研过程中各位提出的许多宝贵意见和建议，从而加深了对清水江污染治理过程的全面了解，他们的支持值得我铭记和感谢。

感谢我的父母和家人，他们给予的无私关爱和默默支持使我能够安心学习和写作，尤其是我的爱人张华女士，一个人默默承担了家庭事务以及对孩子的抚养和教育工作，他们也是我最坚实的依靠以及前进的不竭动力。

感谢新疆师范大学石路教授、路永照副教授的大力支持与推荐，感谢政法学院全体同仁的大力帮助。

感谢中联华文图书出版中心张金良先生以及中国书籍出版社的各位同志在本书出版过程中所做的一切工作。

此外，本书在写作是站在先行研究者的基础和智慧之上的，谢谢本书参考文献的作者，他们的研究成果和思想火花开启了我懵懂的大脑，使我能够继续前行。在此，也向这些文献的作者表示深深的感谢！